"十三五"职业教育规划教材

信息技术实训指导

主　编　王劲松
副主编　吴莉娜　马桂芳

中国铁道出版社有限公司
CHINA RAILWAY PUBLISHING HOUSE CO., LTD.

内 容 简 介

本书是《信息技术教程》的配套实训教材,是对主教材的补充和完善。全书注重培养学生分析和解决实际问题的能力。在主教材知识学习的基础上,进一步巩固和升华知识技能。

全书共分为 7 个实训单元,书中的实训主要供学生上机操作练习使用,每个实训都有评分标准,便于教师在教学中给学生考核平时成绩。书中还提供了主教材所有习题的参考答案。

本书适合作为中、高职院校的信息技术或计算机应用基础等课程的通用实训教材,也可以作为计算机入门的自学教材。

图书在版编目(CIP)数据

信息技术实训指导/王劲松主编 . —北京:中国铁道出版社有限公司,2020.9(2022.8 重印)

"十三五"职业教育规划教材

ISBN 978-7-113-27263-0

Ⅰ . ①信… Ⅱ . ①王… Ⅲ . ①电子计算机-高等职业教育-教学参考资料 Ⅳ . ①TP3

中国版本图书馆 CIP 数据核字(2020)第 174352 号

书　　名:**信息技术实训指导**

作　　者:王劲松

策　　划:王春霞　　　　　　编辑部电话:(010)63551006

责任编辑:王春霞

封面设计:一克米工作室

封面制作:刘　颖

责任校对:张玉华

责任印制:樊启鹏

出版发行:中国铁道出版社有限公司(100054,北京市西城区右安门西街 8 号)

网　　址:http://www.tdpress.com/51eds/

印　　刷:三河市宏盛印务有限公司

版　　次:2020 年 9 月第 1 版　2022 年 8 月第 5 次印刷

开　　本:850 mm×1 168 mm 1/16　印张:8.75　字数:198 千

书　　号:ISBN 978-7-113-27263-0

定　　价:26.00 元

前　言

一、巩固主教材知识

作为一本教辅,实训指导的单元和内容是紧跟主教材的,是对主教材的补充和拓展,通过实训练习,巩固和熟练掌握主教材知识,特别是强化操作技能,同时通过实训练习,便于教师考核评价学生学习效果,及时了解学生对知识和技能的掌握情况,以便后续教学的开展。

二、拓展和深化主教材内容

本书内容相对主教材有一定的综合性和深度,以培养学生综合应用知识的能力,解决了有一定基础的学生主教材内容不够用的问题。

全书分为7个实训单元,分别与主教材的单元相对应,具体如下:

实训单元1　计算机基础知识,主要内容:计算机的进制及转换;计算机信息编码等。

实训单元2　Windows 操作系统,主要内容包括:Windows 桌面及设置;文件和文件夹的管理;熟悉控制面板及软硬件的管理;Windows 系统安装与维护等。

实训单元3　计算机网络,主要内容包括:计算机网络基础知识,设置和管理局域网;网页浏览器的基本设置及网络安全;学会搜索引擎,下载网络资源等。

实训单元4　Word 综合应用,主要内容包括:Word 界面认识,文本输入,查找与替换操作;Word 文本排版,文字格式、段落格式;Word 图形、图片、艺术字、文本框插入及编辑;表格制作、公式录入、邮件合并;Word 长文档排版、目录制作、页面、打印设置等。

实训单元5　Excel 综合应用,主要内容包括:Excel 基本工具和界面,数据录入;Excel 公式计算、数据填充、排序、筛选;Excel 函数计算、图表生成、页面设置 Excel 分类汇总与数据透视;Word 与 Excel 综合应用等。

实训单元6　PowerPoint 综合应用,主要内容包括:PPT 工作界面,插入文字和图片;PPT 设置背景及版式,使用母版;PPT 播放和动画设置,使用超链接;PPT 中插入音、视频和 Flash 对象等。

实训单元7　简单多媒体处理技术,主要内容包括:图片简单处理,羽化,通道,抠图等;理解和播放多媒体,转换音、视频格式;视频剪辑与合成;图文转换等。

三、实施分层教学,培养优秀学生

虽然是实训指导,里面的所有案例仍然配有详细的操作视频,学生完全可以在自学的方式下完成实训任务,便于实际教学中,根据不同基础的学生,实施分层教学。

四、编写分工

本书由王劲松任主编,吴莉娜、马桂芳任副主编,刘旭宁、王祥坤、张通参编。具体编写分工为:王劲松编写实训单元1和实训单元7,刘旭宁编写实训单元2,王祥坤编写实训单元3,马桂芳编写实训单元4,吴莉娜编写实训单元5,张通编写实训单元6。

五、致谢

特别说明的是:本书的编写,是对传统信息技术课程知识体系和教学方法的改进,是一次对教学和教法新的尝试。书中所有实训均由编者自行设计,经过反复修改,然后编入书中。但由于时间紧、任务重,书中难免存在不足之处,还请广大读者不吝赐教。

最后,要感谢在本书编写过程中统筹规划、多方协调、付出了辛勤劳动的中国铁道出版社有限公司的编辑,同时还要感谢在本书编写中给予我们大力支持和关注的所有老师和同仁。

编　者

2020 年 5 月

目 录

实训单元 6　PowerPoint 综合应用　88

实训单元 7　简单多媒体处理技术　96

附录 A　主教材各单元习题答案　123

实训单元 1

计算机基础知识

存储量的计算和进制的转换是计算机基础知识的重要部分,进制和编码关系到对计算机的存储,运行原理和计算机应用等方面,认识它们有助于对计算机操作和应用的理解。

实训任务 1　进制的转换与汉字编码

在计算机科学中也经常涉及二进制、八进制、十进制和十六进制等;但在计算机内部,不管什么类型的数据都使用二进制编码的形式来表示。下面介绍一下进行进制间的转换。

实训目标

- 理解计算机中的数制及其表示;
- 能进行二进制、八进制、十进制、十六进制之间的转换;
- 理解汉字在计算机中的编码。

实训1　位权在进位中的表示

问题描述

将十进制数 1234.567 写成位权表示形式。

技术准备

数制(Number System)的概念:数制又称计数法,是人们用一组统一规定的符号和规则来表示数的方法。计数法通常使用的是进位计数制,即按进位的规则进行计数。在进位计数制中有"基数"和"位权"两个基本概念。

基数（Radix）是进位计数制中所用的数字符号的个数。例如，十进制的基数为 10，逢 10 进1；二进制的基数为 2，逢 2 进1。

位权是在进位计数制中，把基数的若干次幂称为位权，幂的方次随该位数字所在的位置而变化，整数部分从最低位开始依次为 0，1，2，3，4，…；小数部分从最高位开始依次为 -1，-2，-3，-4，…。

操作提示

十进制数 1234.567 可以写成

$$1234.567 = 1 \times 10^3 + 2 \times 10^2 + 3 \times 10^1 + 4 \times 10^0 + 5 \times 10^{-1} + 6 \times 10^{-2} + 7 \times 10^{-3}$$

实训 2 r 进制转换为十进制

问题描述

将 r 进制（如二进制、八进制和十六进制等）转换为十进制数。

技术准备

同实训 1。

操作提示

将 r 进制（如二进制、八进制和十六进制等）按位权展开并求和，便可得到等值的十进制数。

（1）二进制转换为十进制

将 $(10010.011)_2$ 转换为十进制数。

$$(10010.011)_2 = 1 \times 2^4 + 0 \times 2^3 + 0 \times 2^2 + 1 \times 2^1 + 0 \times 2^0 + 0 \times 2^{-1} + 1 \times 2^{-2} + 1 \times 2^{-3}$$
$$= (18.375)_{10}$$

（2）八进制转换为十进制

将 $(22.3)_8$ 转换为十进制数。

$$(22.3)_8 = 2 \times 8^1 + 2 \times 8^0 + 3 \times 8^{-1}$$
$$= (18.375)_{10}$$

（3）十六进制转换为十进制。

将 $(32CF.4B)_{16}$ 转换为十进制数。

$$(32CF.4B)_{16} = 3 \times 16^3 + 2 \times 16^2 + 12 \times 16^1 + 15 \times 16^0 + 4 \times 16^{-1} + 11 \times 16^{-2}$$
$$= (13007.292969)_{10}$$

实训 3 十进制转换为 r 进制

问题描述

将 $(18.38)_{10}$ 转换为二进制数。

技术准备

整数的转换采用"除 r 取余"法,将待转换的十进制数连续除以 r,直到商为 0,每次得到的余数按相反的次序(即第一次除以 r 所得到的余数排在最低位,最后一次除以 r 所得到的余数排在最高位)排列起来就是相应的 r 进制数。

小数的转换采用"乘 r 取整"法,将被转换的十进制纯小数反复乘以 r,每次相乘乘积的整数部分若为 1,则 r 进制数的相应位为 1;若整数部分为 0,则相应位为 0,由高位向低位逐次进行,直到剩下的纯小数部分为 0 或达到所要求的精度为止。

对具有整数和小数两部分的十进制数,要用上述方法将其整数部分和小数部分分别进行转换,然后用小数点连接起来。

操作提示

(1)十进制整数部分转换为二进制

将 $(18.38)_{10}$ 转换为二进制数。

先将整数部分"除 2 取余"。

除 2	商	余数	低位
$18 \div 2$	9	0	↑
$9 \div 2$	4	1	
$4 \div 2$	2	0	
$2 \div 2$	1	0	
$1 \div 2$	0	1	高位

因此,$(18)_{10} = (10010)_2$。

(2)十进制小数部分转换为二进制

再将小数部分"乘 2 取整"。

乘 2	整数部分	纯小数部分	高位
0.38×2	0	0.76	
0.76×2	1	0.52	
0.52×2	1	0.04	↓
0.04×2	0	0.08	
0.08×2	0	0.16	低位

因此,$(0.38)_{10} = (0.01100)_2$。

最后得出转换结果 $(18.38)_{10} = (10010.01100)_2$。

实训 4 二进制、八进制、十六进制之间的转换

问题描述

完成任意的八进制、十六进制与二进制之间的转换。

技术准备

由于 $8=2^3$，$16=2^4$，所以 1 位八进制数相当于 3 位二进制数，1 位十六进制数相当于 4 位二进制数。

二进制数转换为八进制数或十六进制数。具体方法是以小数点为界向左和向右划分，小数点左边（整数部分）从右向左每 3 位（八进制）或每 4 位（十六进制）一组构成 1 位八进制或十六进制数，位数不足 3 位或 4 位时最左边补 0；小数点右边（小数部分）从左向右每 3 位（八进制）或每 4 位（十六进制）一组构成 1 位八进制或十六进制数，位数不足 3 位或 4 位时最右边补 0。

操作提示

（1）二进制转换为八进制

将 $(10010.0111)_2$ 转换为八进制。

$(10010.0111)_2 = (010)(010).(011)(100)$

　　　　　　　2　　2　.　3　　4

因此，$(10010.0111)_2 = (22.34)_8$。

（2）二进制转换为十六进制

将 $(10010.0111)_2$ 转换为十六进制。

$(10010.0111)_2 = (0001)(0010).(0111)$

　　　　　　　1　　2　.　7

因此，$(10010.0111)_2 = (12.7)_{16}$。

知识链接

八进制数或十六进制数转换为二进制数，具体方法是把 1 位八进制数用 3 位二进制数表示，把 1 位十六进制数用 4 位二进制数表示。

（3）八进制转换为二进制

将 $(22.34)_8$ 转换为二进制数。

　2　　2　.　3　　4
　↓　　↓　　↓　　↓
$(010)(010).(011)(100)$

因此，$(22.34)_8 = (10010.0111)_2$。

（4）十六进制转换为二进制

将 $(12.7)_{16}$ 转换为二进制数。

　1　　2　.　7
　↓　　↓　.　↓
$(0001)(0010).(0111)$

因此,$(12.7)_{16} = (10010.0111)_2$。

 知识链接

使用计算器进行数制转换。

以上介绍了常用数制间的转换方法。其实,使用 Windows 操作系统提供的计算器可以很方便地解决整数的数制转换问题。步骤是:选择"开始"→"所有程序"→"附件"→"计算器"命令,启动计算器,再选择"查看"→"程序员"命令,单击原来的数制,输入要转换的数字,单击要转换成的某种数制,得到转换结果。

技术小结

本节主要学习了:计算机中的数制及其表示,计算机中常用进制之间的转换,主要包括二进制、十进制之间的转换,二进制、八进制、十六进制之间的转换。

评分标准

序　号	具体内容要求	评　分
1	完成二进制、八进制之间的转换	10 分
2	完成二进制、十六进制之间的转换	10 分
3	完成八进制、十六进制之间的转换	20 分
4	完成二进制转换为十进制	20 分
5	完成十进制转换为二进制	20 分
6	完成十进制、十六进制之间的转换	20 分

实训任务2　计算机中主要技术指标与计算

计算机设备更新换代很快,硬件的性能指标不断提升,认识计算机中主要技术指标,对于计算机的组装维护、机房组建、文件存储以及个人计算机的购买都有重要指导意义,计算机存储容量及其计算也很重要。

实训目标

- 理解计算机中主要技术指标;
- 能进行计算机各种设备存储容量的计算;
- 能进行图片,音、视频文件大小的计算。

实训1　位图文件大小计算

问题描述

计算一幅 1 920 × 1 024,32 位色的图片文件大小是多少?

提示:1 920 × 1 024 × 4B。

技术准备

计算机中单位的换算。

(1)计算机存储单位

bit(比特)是 1 个二进制位,是通信常用的单位。

Byte 就是 B,也就是字节,由 8 个二进制位组成,是计算机中表示存储空间的最基本容量单位。1 B = 8 bit,传输的最小单位为 bit(位),存储的最小单位为 Byte(字节)。

每个英文字母用 1 个字节表示,每个汉字用 2 个字节表示。

KB 是千字节,MB 是兆字节,GB 是吉字节,TB 是太字节。

(2)计算机单位换算

一般情况把它们看作是按千进位即可,准确的是 1 024 也就是 2 的 10 次方。

1 KB = 1 024 B;

1 MB = 1 024 KB;

1 GB = 1 024 MB;

1 TB = 1 024 GB。

操作提示

(1)像素分析

256 色是 2^8 色也称 8 位色,需要 1 字节(8 位)来存储,所以每个点需要 1 字节的存储空间,1 024 × 768 像素中包含 1 024 × 768 个点。

(2)容量计算

1 024 × 768 × 1B = 768 KB。

一幅 1 024 × 768 的 256 色位图片,文件大小为 768 KB。

实训2　计算音频文件大小

问题描述

录制一段时长 10 s、采样频率为 48 kHz、量化位数为 32 位、4 声道的 wave 格式音频,需要的磁盘存储空间大约是多少?

技术准备

下面介绍下计算机中主要技术指标。

（1）字长

字长是 CPU 一次能直接传输、处理的二进制数据位数，是计算机性能的一个重要指标。字长代表计算机的精度，字长越长，可以表示的有效位数就越多，运算精度越高，处理能力越强。目前，计算机的字长一般为 32 位或 64 位。

（2）主频

主频指的是计算机的时钟频率，时钟频率是指 CPU 在单位时间（1 s）内发出的脉冲数，通常以吉赫（GHz）为单位。主频越高，计算机的运算速度越快。人们通常把计算机的类型与主频标注在一起，例如，Pentium 4/3.2E 表示该计算机的 CPU 芯片类型为 Pentium 4，主频为 3.2 GHz。CPU 主频是决定计算机运算速度的关键指标，这也是用户在购买计算机时要按主频来选择 CPU 芯片的原因。

（3）运算速度

计算机的运算速度是指每秒所能执行的指令数，用百万指令每秒（MIPS）描述，是衡量计算机档次的一项核心指标。一条指令就是机器语言的一个语句，它是一组有意义的二进制代码，指令的基本格式如：操作码字段，地址码字段。其中操作码指明了指令的操作性质及功能，地址码则给出了操作数或操作数的地址。计算机的运算速度不但与 CPU 的主频有关，还与字长、内存、主板、硬盘等有关。

（4）内存容量

内存容量是指随机存储器（RAM）的存储容量的大小，即内存储器中可以存储的信息总字节数。内存越大，系统工作中能同时装入的信息就越多，相对访问外存的频率就越低，使得计算机工作的速度也越快。

操作提示

（1）采样点存储分析

量化为 32 位（4 字节），4 个声道，所以每个采样点需要 $4 \times 4 = 16$ B 存储。

每秒 48 000 个采样点，需要 $48\,000 \times 16 = 768\,000$ B。

（2）时长和存储容量计算

10 s 总共需要 7 680 000 B。

$$7\,680\,000 \text{ B} = 7\,680\,000/1\,024/1\,024 \text{ MB} = 7.32 \text{ MB}$$

实训3　计算视频文件大小

问题描述

时长 10 s，帧尺寸 1 440×1 080 像素，24 位颜色，30 fps，立体声，48 kHz，16 bit，数字视频文件大小怎么计算？

技术准备

码率就是数据传输时单位时间传送的数据位数,一般用的单位是 Kbit/s 即千位每秒。通俗一点的理解就是采样率,单位时间内采样率越大,精度就越高。

Kbit/s 指的是网络速度,也就是每秒传送多少个千位的信息(K 表示千位,Kb 表示的是多少千个位),为了在直观上显得网络的传输速度较快,一般公司都使用 Kb(千位)来表示,如果是 KB/s,则表示每秒传送多少千字节。1 KB/s = 8 Kbit/s。ADSL 上网时的网速是 512 Kbit/s,如果转换成字节,就是 512/8 = 64 KB/s(即 64 千字节每秒)。

操作提示

(1)图像部分容量计算

图像部分:

$10 \times [1\,400 \times 1\,080 \times (24/8) \times 30]/1\,024/1\,024$ MB = 1 297.760 MB

(2)音频部分容量计算

声音部分:

$10 \times 2 \times 48 \times 16/8 = 1.875$ MB

(3)合计存储容量

综合计算:

$1\,297.76 + 1.875 = 1\,299.635$ MB

注:以上是没有经过任何压缩的视频和音频。采取格式不同,最终文件大小不同。压缩比不同,最终大小不同。对此,视频建议压缩采用 30 Mbit/s 码率,压缩后大小为 70 MB 左右。

技术小结

本节主要学习了:计算机存储单位及其换算,计算机中主要技术指标包括:字长、主频、运算速度和内存容量。进而学习了计算机中的图片和音、视频媒体容量的计算,这些都是深入理解计算机结构和原理的基础。

评分标准

序 号	具体内容要求	评 分
1	写出存储单位 B、KB、MB、GB、TB 之间的转换公式	10 分
2	计算出一幅位图的图片文件大小	20 分
3	计算出一段音频文件的存储空间大小	30 分
4	计算出一段视频文件的存储空间大小	40 分

实训单元 2

Windows操作系统

Windows 桌面及设置

实训目标

- 能设置个性化 Windows 桌面主题；
- 能更换 Windows 桌面背景；
- 学会设置 Windows 屏幕保护程序。

实训 1　Windows 7 桌面及设置

问题描述

利用 Windows 操作系统设置桌面主题、更换桌面背景、设置屏幕保护程序。

技术准备

上机前了解什么是桌面主题、桌面背景和屏幕保护程序。

操作提示

（1）个性化设置 Windows 桌面主题

①在 Windows 7 桌面空白处右击，从弹出的快捷菜单中选择"个性化"命令，打开"个性化"设置窗口，如图 2-1 所示。

②在 Aero 主题栏中选择相应的主题。

视频●┄┄┄┄

Windows 7 桌面主题

9

图 2-1　"个性化"设置窗口

③关闭个性化设置窗口,桌面主题更换完成。

（2）更换 Windows 桌面背景

①打开"个性化"设置窗口,单击下方的"桌面背景"图标,打开"桌面背景"设置窗口,如图 2-2 所示。

图 2-2　"桌面背景"设置窗口

②单击选择满意的背景图片,桌面背景自动进行更改。

③可单击右下方的"图片位置"按钮,选择背景图片的覆盖位置。

④可单击"浏览"按钮,选择用户自己的图片作为背景图片。

（3）设置 Windows 7 屏幕保护程序

①打开"个性化"设置窗口,单击下方的"屏幕保护程序"图标,打开"屏幕保护程序设

置"对话框, 如图 2-3 所示。

图 2-3 "屏幕保护程序设置"对话框

②单击"屏幕保护程序"下拉按钮从弹出的菜单中选择满意的屏幕保护程序。

③在"等待"文本框中设置等待时间。

④单击"预览"按钮, 预览屏幕保护程序效果。

技术小结

本任务主要学习了: Windows 操作系统桌面主题、桌面背景、屏幕保护程序的设置。

评分标准

序 号	具体内容要求	评 分
1	完成 Windows 操作系统桌面主题设置	40 分
2	完成 Windows 操作系统桌面背景设置	30 分
3	完成 Windows 操作系统屏幕保护程序设置	30 分

实训任务 2 文件和文件夹的管理

实训目标

- 能进行文件或文件夹的查找;
- 能进行文件或文件夹的复制、移动;

- 能进行文件或文件夹的重命名；
- 能进行文件或文件夹的删除。

实训2　管理文件和文件夹

问题描述

在操作系统中完成文件或文件夹的查找、复制、移动、重命名、删除。

技术准备

上机前了解查找文件或文件的方法有哪些。了解复制、移动、删除和重命名文件或文件夹的方法。

操作提示

（1）文件或文件夹的查找

①单击"开始"按钮，在打开菜单的下方文本框中输入要查找的文件或者文件夹名称。

②系统自动显示搜索结果，如图2-4所示。

●视频

文件或文件夹的查找

图2-4　文件或文件夹查找

③如果想要查看更多搜索结果,可以单击"查看更多结果"按钮,打开搜索结果窗口,如图 2-5 所示。

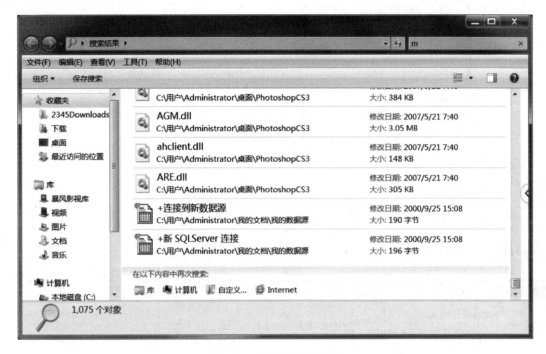

图 2-5　查看更多搜索结果

(2)文件或文件夹的复制、移动

①选择要复制的文件或文件夹,选择"编辑"菜单中的"复制"命令,或者按【Ctrl + C】组合键。

②打开需要存放复制的文件或文件夹的位置,选择"编辑"菜单中的"粘贴"命令,或者按【Ctrl + V】组合键。

③选择需要移动的文件或者文件夹,右击,从弹出的快捷菜单中选择"剪切"命令,或者按【Ctrl + X】组合键。

④打开目的位置,右击,从弹出的快捷菜单中选择"粘贴"命令。

(3)文件或文件夹的重命名

①选择需要重命名的文件或文件夹。

②右击,从弹出的快捷菜单中选择"重命名"命令,输入新的文件名,按【Enter】键确定。

(4)文件或文件夹的删除

①选择需要删除的文件或文件夹,按【Delete】键。

②在打开的"删除文件"对话框中单击"是"按钮,完成删除操作,如图 2-6 所示。

视频●
文件或文件夹的
复制、移动

视频●
文件或文件夹的
重命名

视频●
文件或文件夹的
删除

图 2-6　文件夹的删除

技术小结

本任务主要学习了：文件或文件夹的查找、复制、移动、重命名、删除。

评分标准

序　号	具体内容要求	评　分
1	完成文件或文件夹的查找	25 分
2	完成文件或文件夹的复制、移动	25 分
3	完成文件或文件夹的重命名	25 分
4	完成文件或文件夹的删除	25 分

实训任务 3　熟悉控制面板及用户的管理

实训目标

- 能正确打开控制面板；
- 能理解添加新账户；
- 能理解管理用户账户。

实训 3　控制面板及用户的管理

问题描述

在操作系统中如何通过 Windows 的控制面板添加用户账户、更改用户账户及密码。

技术准备

认识控制面板并了解其各项功能。

操作提示

（1）打开控制面板

①单击"开始"按钮，执行"控制面板"命令，打开"控制面板"窗口，如图2-7所示。

②分别单击控制面板窗口中的8个图标，打开相应窗口，了解各项设置功能。

（2）添加新账户

①在"控制面板"窗口中单击"用户账户和家庭安全"图标，打开如图2-8所示。

视频 ●······

认识控制面板

视频 ●······

添加新账户

图 2-7　"控制面板"窗口

图 2-8　"用户账户和家庭安全"窗口

②单击"添加或删除用户账户"图标。

③单击"创建一个新用户"。

④输入账户名,选择账户类别,单击"创建账户"按钮。

(3)管理用户账户

①在如图2-8所示的"用户账户和家庭安全"窗口中,选择需要管理的用户账户,打开选择希望更改的账户窗口,如图2-9所示。

● 视频

管理用户账户

图2-9 管理用户账户

②执行相应的命令,更改用户账户名称、修改密码、更改账户图标、设置家长控制、更改账户类型或删除账户。

技术小结

本任务主要学习了:打开控制面板、添加新账户、管理用户账户。

评分标准

序　号	具体内容要求	评　分
1	完成打开控制面板	20 分
2	完成添加新账户设置	40 分
3	完成管理用户账户设置	40 分

实训任务4　Windows 系统维护

实训目标

- 掌握格式化磁盘方法;
- 掌握磁盘清理方法;
- 能进行磁盘碎片整理。

实训 4　进行 Windows 系统维护

问题描述

在操作系统中如何格式化磁盘,如何磁盘清理、磁盘碎片整理等操作。

技术准备

U 盘一个。

操作提示

单击"开始"按钮,展开"所有程序"→附件→"系统工具"文件夹。

(1)格式化磁盘

①把需要格式化的 U 盘插入计算机的 USB 接口,或者选择需要格式化的硬盘,例如,这里选择 E 盘,如图 2-10 所示。

②打开计算机窗口,右击所选择的盘符,从弹出的快捷菜单中选择"格式化"命令。

③在"文件系统"下拉列表框中指定磁盘的文件系统格式。

④在"分配单元大小"下拉列表框中选择合适的单元大小。

⑤在格式化选项中选择"快速格式化"复选框。

⑥单击"开始"按钮,系统将进入格式化过程。

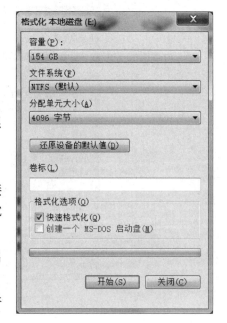

图 2-10　格式化硬盘

视频

格式化磁盘

(2)磁盘清理

①选择"开始"→"所有程序"→"附件"→"系统工具"→"磁盘清理"命令,打开"磁盘清理:驱动器选择"对话框,如图 2-11 所示。

②在"驱动器"下拉列表框中选定要清理的驱动器,例如,选择 C 盘,单击"确定"按钮,打开"磁盘清理"对话框,系统将计算清理操作可释放的磁盘空间大小,如图 2-12 所示。

视频

磁盘清理

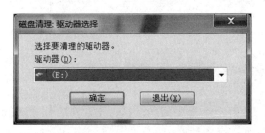

图 2-11　"磁盘清理:驱动器选择"对话框

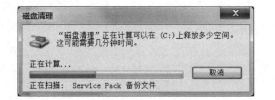

图 2-12　"磁盘清理"对话框

③计算完毕,系统将打开"(C:)的磁盘清理"对话框。

④在"要删除的文件"列表框中选择要删除的文件,即选中其前面的复选框,单击"确定"按钮,如图 2-13 所示,弹出"确实要永久删除这些文件吗?"对话框。

⑤单击"删除文件"按钮,弹出清理工作进程,直到磁盘清理结束。

图 2-13 "(C:)的磁盘清理"对话框

(3)磁盘碎片整理

①选择"开始"→"所有程序"→"附件"→"系统工具"→"磁盘碎片管理程序"命令,打开"磁盘碎片整理程序"对话框,如图 2-14 所示。

●视频

磁盘碎片整理

图 2-14 "磁盘碎片整理程序"对话框

②选定磁盘,单击"分析磁盘"按钮,系统将分析该磁盘是否需要进行整理。

③单击"磁盘碎片整理"按钮,即可开始整理磁盘碎片。

 **技术小结**

本节主要学习了:格式化磁盘方法、磁盘清理方法、磁盘碎片整理方法。

评分标准

序　号	具体内容要求	评　分
1	完成格式化磁盘方法	40 分
2	完成磁盘清理方法	40 分
3	完成磁盘碎片整理方法	20 分

实训单元 3

计算机网络

实训任务 1　基本工具使用

实训目标

- 了解压线钳、测线器基本机构；
- 掌握压线钳、测线器的使用方法。

实训 1　掌握压线钳、测线器的结构和使用方法

问题描述

了解压线钳、测线器的结构组成及其使用方法。

技术准备

工具：压线钳、测线器。

材料：水晶头、双绞线。

操作提示

（1）压线钳结构（见图 3-1）

压线钳是网线制作的常用工具，价格不贵，使用方法简单，容易学习，而且工作和生活中适用。这里主要用到压线钳的 3 个功能——剥线、剪线和压制水晶头。其中最后一个功能是压线钳独有的，也是它的主要功能。在压制水晶头的过程中，只需要用到压线钳，其他的都不需要。

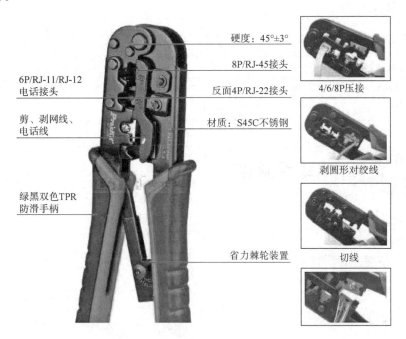

6P/RJ-11/RJ-12
电话接头

剪、剥网线、
电话线

绿黑双色TPR
防滑手柄

硬度：45°±3°

8P/RJ-45接头

反面4P/RJ-22接头

材质：S45C不锈钢

省力棘轮装置

4/6/8P压接

剥圆形对绞线

切线

图 3-1 压线钳

压制水晶头,利用的就是水晶头槽这一部分。压线钳一般带有多种规格的槽(大小不同),但压制网线时,只需要用到 8P 槽。

使用时也很简单,将网线插入水晶头后,把水晶头放入槽内,用力按压即可。另外,其他型号的压线钳和这种型号结构相同。

(2)测线器(见图 3-2)

测线器一般由两部分组成,即主机和子机。一般两部分上面都有 8 个指示灯和 2 个接口,即 BNC 接口和 RJ-45 接口。

使用方法:将网线两端分别插入主机和子机的接口内,打开主机的电源开关,观察指示灯;对于平线如果 8 个指示灯一次闪亮,说明网线制作成功,否则网线制作失败,需要重新制作。对于交叉线,则是 1 对 3,2 对 6 交叉亮,其他对应亮。另外,其他型号的测线器和这种型号结构相同。

图 3-2 测线器

技术小结

本节主要学习了:压线钳和测线器的结构组成及其使用方法。

评分标准

序　号	具体内容要求	评　分
1	掌握压线钳的结构及其使用方法	50 分
2	掌握测线器的结构及其使用方法	30 分
3	列举网络中两个以上应用实例即实践应用的掌握	20 分

实训任务 2　　**双绞线制作**

实训目标

● 掌握双绞线制作方法。

实训 2　制作双绞线

问题描述

根据实际要求,制作双绞线制。

技术准备

技术准备:掌握平行线和交叉线的概念;掌握平行线和交叉线适用环境。

材料准备:水晶头、双绞线。

知识链接

双绞线、水晶头的结构如图 3-3 所示。

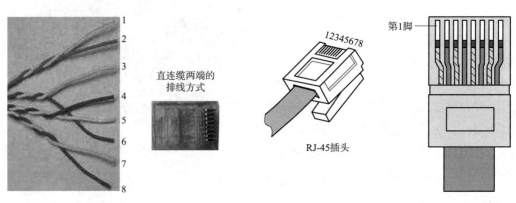

图 3-3　双绞线、水晶头的结构

①水晶头又名 RJ-45。

②双绞线由 4 对线组成。分别是橙白、橙;绿白、绿;蓝、蓝白;棕白、棕。现在常用的双绞线有五类或者超五类(六类)。

③双绞线(见图 3-4)的标准有 TIA/EIA 568-A 及 TIA/EIA 568-B 两个标准。

TIA/EIA 568-A:一头线序:白绿、绿、白橙、蓝、白蓝、橙、白棕、棕。

另一头线序:白橙、橙、白绿、蓝、白蓝、绿、白棕、棕。

注释:以上标准制作的双绞线叫做交叉线,是按照跳线标准制作。此种方法适用于双绞线两端是相同的设备。如双机互连等,标准的带宽为 100 bit/s。

图 3-4　双绞线图

TIA/EIA568-B:一头线序:白橙、橙、白绿、蓝、白蓝、绿、白棕、棕。

另一头线序:白橙、橙、白绿、蓝、白蓝、绿、白棕、棕。

注释:以上标准制作的双绞线叫做直通线,是按照平行线标准制作。此种方法适用于双绞线两端是不相同的设备。如家用网络,网线两端分别连接计算机与路由器或者 ADSL 解调器等。标准的带宽为 100 bit/s。

操 作 提 示

(1)剥

把网线外层绝缘皮剥开,露出里面的彩色绝缘皮,剥线时要注意力度,不要伤害到内层绝缘皮,如图 3-5 所示。

(2)排

排线是水晶头制作的"重头戏",即把网线的线色按照顺序排好。现在的网线都是"双绞线",就是指里面的细小电线都是两两缠绕在一起的,共有 4 组,也就是 8 根,如图 3-6 所示。

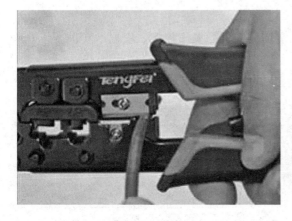

图 3-5　剥线

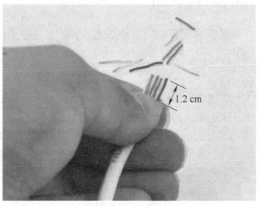

图 3-6　排线

（3）剪

把网线的顺序排好了，握在手里，捏住、压好，此时已经分不清这么多白色线原本是和哪条线相绞的了，把线放到压线钳中，剪断。

剪线的目的是把8根网线剪齐，所以，如果一次没剪齐，要再次进行修改，把网线捏紧了再剪有助于增加成功率。

（4）插

把剪好的网线按顺序插入水晶头，不需要剥掉线皮，如图3-7所示。在插入水晶头时，要注意两点：

①应面对水晶头的背面，也就是从不带卡槽按压按钮的那一面插入。

②网线插入水晶头后，应保证网线外绝缘皮有一部分在水晶头内，如果出现内层绝缘皮外露，应再次重复剪线的步骤，把8根小线再剪短一点。

注意：细线外露，不合格。

（5）压

把水晶头放入压线钳8P槽内，用力压紧即可如图3-8所示。水晶头压制成功以后一定要检测。

图 3-7　插线

图 3-8　压线

（6）测线

对制作好的双绞线进行测试。

技术小结

本节主要学习了：双绞线的制作，应用了实训任务1的操作技能。根据本实训要求制作一根平行线。

评分标准

序　号	具体内容要求	评　分
1	压线钳使用熟练	10分
2	测线器使用熟练	10分
3	双绞线制作成功	50分
4	制作合标准	30分

实训任务3　家用路由器的安装及设置

实训目标

● 了解家用路由器的结构及其使用方法。

实训3　家用路由器的介绍

问题描述

认识家用路由器。了解各 WAN 和 LAN 接口的用途。认识各指示灯等对应接口及其适用情况。

技术准备

准备一个家用无线路由器。提供家用无线局域网结构图供参考。

操作提示

①路由器有简单的局域网路由器和无线路由器两大类。无线路由器一般会带有一个天线，比较容易区别，不过价格基本相同，所以一般家用都会选择无线路由器，如图3-9、图3-10 所示。

图 3-9　路由器外观　　　　　　　　　　图 3-10　路由器插口

②路由器是把一根网线分给多个设备共用的网络设备，外来的网线要插到路由器的 WAN 口，就是路由器后面的几个网线插口的其中一个，标注着 WAN，其余的都是标注的 LAN，LAN 口是分给其他设备上网用的接口，如图3-11 所示。

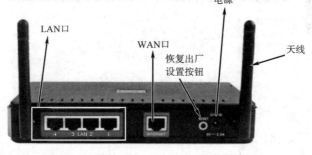

图 3-11　路由器接口功能图

技术小结

通过本实训能清楚认识无线路由器的结构及其功能作用。

评分标准

序 号	具体内容要求	评 分
1	清楚认识路由器的结构及其功能使用方法	100 分
2	了解路由器的基本结构及其功能使用方法	70~90 分
3	了解路由器基本结构及其功能,但使用基本清楚	60-70 分

实训 4　家用路由器的安装及设置

问题描述

根据家用网络的组建结构图合理连接路由器,并且根据使用实践情况设置路由器,修改路由器设置、密码等。

技术准备

准备好一根平行双绞线,长度不宜超过适用距离。准备一台笔记本式计算机或者台式计算机,便于网络设置。

操作提示

路由器的安装。

①安装路由器其实很简单,首先要给路由器连接电源,把电源适配器插到家用电插口给路由器通电。通电后路由器通常就会启动,然后路由器的前端指示灯就会亮起来,如图 3-12、图 3-13 所示。

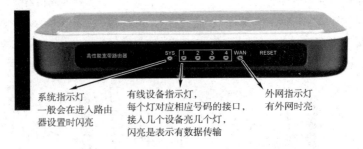

系统指示灯
一般会在进入路由器设置时闪亮

有线设备指示灯,每个灯对应相应号码的接口,接入几个设备亮几个灯,闪亮是表示有数据传输

外网指示灯
有外网时亮

图 3-12　路由器指示灯图

②不要急着插上外部网络,路由器要对系统进行相应的设置才可以使用的。

下面先介绍一下如何用网线进行设置,找一根两边都有水晶插头的网线,一边插到计算机端的网线插口上,另一端插到路由器的 LAN 口的随意一个上面,如图 3-14 所示。

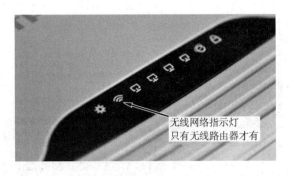

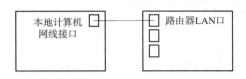

图 3-13　路由器无线网灯　　　　　　　图 3-14　连接示意图

③连接好以后有对本地计算机的网卡进行相应的设置,把网卡设置成自动获取 IP 地址:打开"控制面板",单击"网络和共享中心",选择"更改适配器设置",右击"本地连接"弹出"本地连接属性"对话框,选中"Internet 协议版本(TCP/IPv4)"复选框,单击"属性"按钮,如图 3-15 所示。

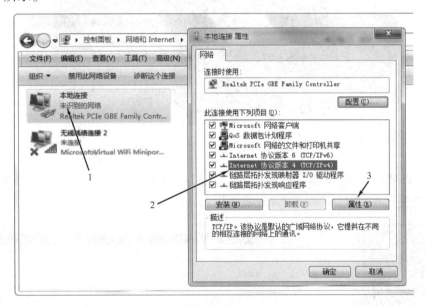

图 3-15　IP 地址设置打开图

④选中"自动获得 IP 地址"和"自动获得 DNS 服务器地址"单选按钮,单击"确定"按钮退出,如图 3-16 所示。

⑤设置好以后,打开浏览器,在地址栏里输入路由器的 LAN 口 IP 地址,一般是192.168.0.1,或者是 192.168.1.1,厂家不同略有不同,不过每个路由器后面都有标注,如图 3-17 所示。

⑥下面会要求输入用户名和密码。第 1 次设置一般都是默认的 admin,密码一般为空或者 admin。这个厂家不同也有差别,同样后面也会有标注,如图 3-18 所示。

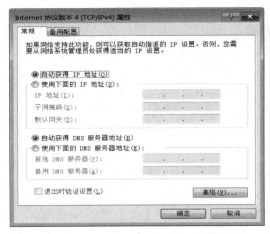

图 3-16　IP 地址设置界面　　　　　　　　　图 3-17　路由器设置地址

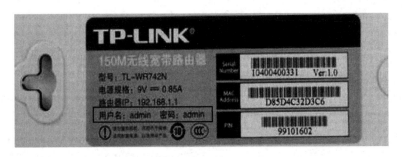

图 3-18　路由器初始用户名及密码

⑦填写好之后单击"确定"按钮就会进入到路由器的设置界面,找到"高级设置"→"WAN 口设置",WAN 口设置是用来配置外网的,如图 3-19 所示。

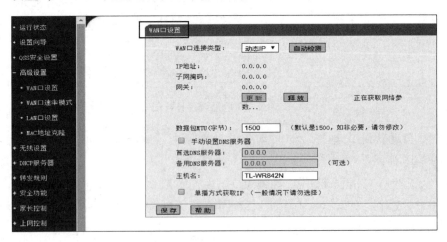

图 3-19　WAN 端口设置界面

⑧WAN 口设置要根据自己接入的网络类型来设置,家用的话一般都是三大运营商提供

的宽带拨号形式上网。这里就选择拨号然后输入自己的账号和密码,一定要选中下面的
"自动连接,在开机和断线后自动进行连接。"单选按钮,然后单击"保存"按钮,如图 3-20
所示。

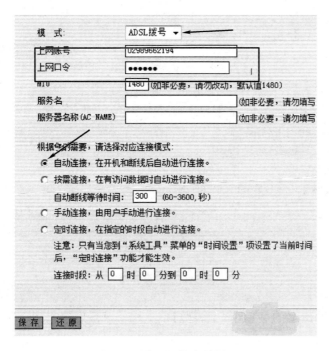

图 3-20　设置网络账号界面

⑨如果是公司的网络一般都是提供 IP 地址的,如果是这种情况,就要选择静态 IP 地
址,然后输入自己的 IP 地址等信息,如图 3-21 所示。

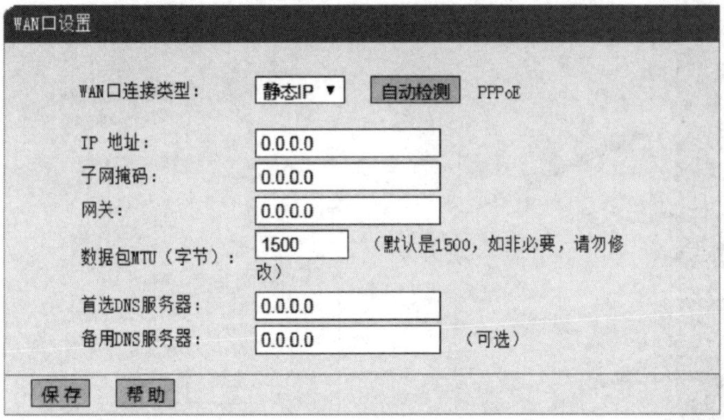

图 3-21　IP 地址界面

⑩如果上级路由器是自动分配 IP 地址,就选择自动获取 IP 地址,自动获取 IP 地址不
用进行其他设置。如果有两个路由器就可以把第 1 个 LAN 口设置成自动分配 IP 地址,把
第 2 个路由器设置成自动获取 IP 地址,如图 3-22 所示。

WAN口设置

WAN口连接类型: 动态IP ▼ 自动检测 PPPoE

IP地址: 0.0.0.0
子网掩码: 0.0.0.0
网关: 0.0.0.0
更新 释放

数据包MTU(字节): 1500 (默认是1500,如非必要,请勿修改)
☐ 手动设置DNS服务器
首选DNS服务器: 0.0.0.0
备用DNS服务器: 0.0.0.0 (可选)
主机名: TL-WR842N

☐ 单播方式获取IP (一般情况下请勿选择)

保存 帮助

图 3-22　保存界面

⑪把网线插到路由器的 WAN 口上,就可以上网了。最好要重启一下路由器,如图 3-23 所示。

注释:无线路由器的设置 WAN 口的方法跟有线路由器基本相同,就是多出了一个可以不用网线进行设置的方法,就是直接连接无线网络进行设置,如图 3-24 所示。

图 3-23　系统重启界面　　　　　　　图 3-24　无线网络连接图

第一次用无线网连接无线路由器一般要填写 PIN 码,同样在路由器的背面可以找到。

无线网进行与有线设置基本相同,如图 3-25 所示。

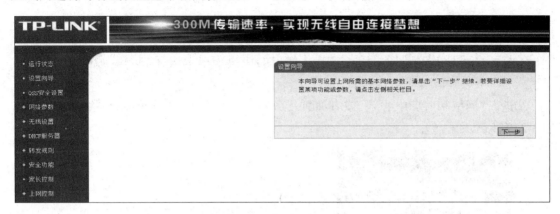

图 3-25　路由器基本设置界面

技术小结

本节主要学习了:家用路由器的安装、设置等技术。

评分标准

序　号	具体内容要求	评　分
1	完成连接	40 分
2	完成设置	40 分
3	网络连通	20 分

实训任务 4　宽带拨号连接的建立

实训目标

● 建立宽带拨号连接。

实训 5　在家庭计算机上建立宽带拨号连接

问题描述

了解宽带拨号连接适用环境,并根据操作系统版本的不同建立宽带拨号连接。

技术准备

操作系统:Windows 7。

网络环境:ADSL 上网。

网络连接:ADSL 宽带拨号连接。

操作提示

①打开桌面"网络"图标之后,右击,从弹出的快捷菜单中选择"属性"命令,如图 3-26 所示。

②进入"网络和共享中心"。或者通过任务栏右下角打开"打开网络和共享中心",如图 3-27 所示。

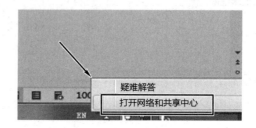

图 3-26 打开 ADSL 设置界面　　　　　图 3-27 打开"网络和共享中心"

③然后在"网络和共享中心"中,打开找到"设置新的连接或网络",如图 3-28 所示。

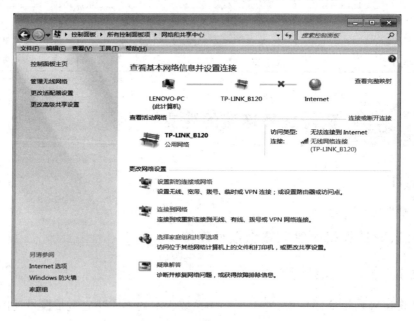

图 3-28 "网络共享中心"界面

④弹出的"设置连接或网络"窗中,选择"连接到 Internet",然后单击"下一步"按钮,如图 3-29 所示。

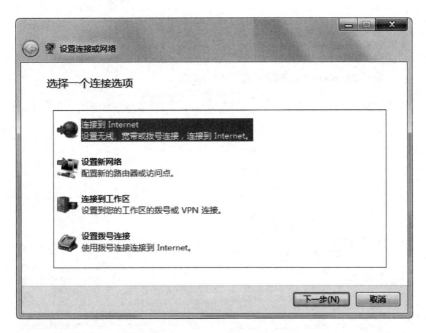

图 3-29 "设置连接成网络"窗口

⑤如果当前有宽带连接就会提示下面的信息(如果桌面没有宽带连接图标,可以直接
把宽带连接图标发送到桌面),如图 3-30 所示。

⑥如果没有宽带拨号连接的话,可以单击"宽带(PPPOE)"进行设置添加拨号连接,如
图 3-31 所示。

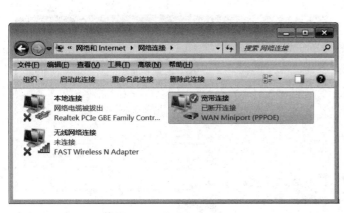

图 3-30 已连接界面

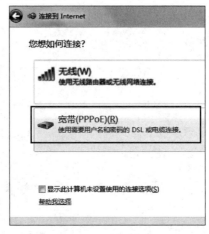

图 3-31 拨号连接界面

⑦单击之后,列出宽带连接拨号向导,如图 3-32 所示。

输入宽带拨号的账号名和密码根据实际情况填写,注意下方"允许其他人使用此连接"
复选框勾选之后,其他用户也可以使用这个宽带拨号连接了。

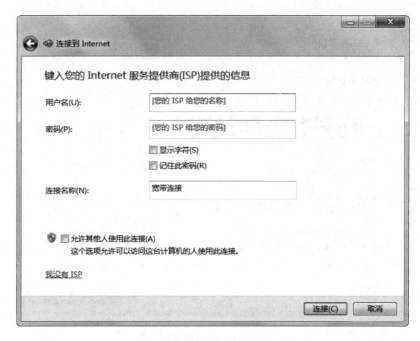

图 3-32　用户名、密码界面

⑧设置宽带拨号账号之后,系统会自动连接您的宽带拨号服务商进行身份验证。等待片刻,如果不需要验证测试,可以单击"跳过"即可,如图 3-33 所示。

⑨查看宽带连接。

a. 如果新建好宽带连接之后,怎么打开呢。在"网络和共享中心"找到"更改适配器设置",如图 3-34 所示。

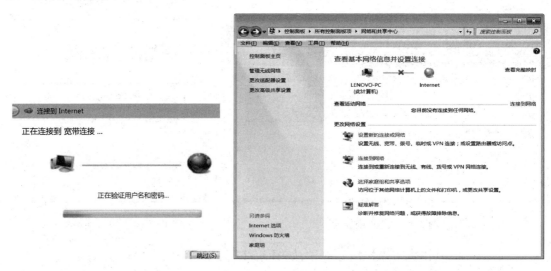

图 3-33　连接进度图　　　　　　　　　图 3-34　打开宽带连接图

b. 打开之后能看到当前计算机主机的网卡连接,其中有一个宽带连接,如图 3-35 所示。

c. 连接宽带连接。

找到宽带连接之后,右击,从弹出的快捷菜单中选择"连接"即可进行连接,如果之前没有设置密码,需要重新输入,如图 3-36 所示。

图 3-35　连接状态图　　　　　　　图 3-36　宽带拨号连接界面

d. 单击链接之后,进行 ISP 身份验证连接。如果连接上了,会有图 3-37、图 3-38 所示的已连接状态提示,就可以测试上网了。

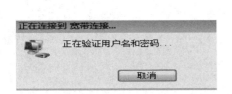

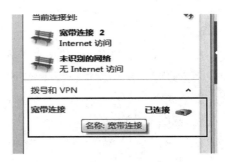

图 3-37　正在连接图　　　　　　　图 3-38　连接成功界面

本节主要学习了:宽带拨号连接及其设置。

序　号	具体内容要求	评　分
1	完成连接建立	60 分
2	打开链接及其生成桌面快捷方式	20 分
3	能熟练应用	20 分

实训单元 4

Word综合应用

实训目标

- 会一些快速录入的技巧,提高文本录入的效率;
- 会使用查找和替换功能批量设置文字和图片;
- 会设置页面;
- 会快速、精准地选择文本;
- 会保存文档;
- 熟练运用"字体"组和"段落"组上各种功能编辑文档;
- 会编辑页眉和页脚。

实训1　文本输入——自荐信

问题描述

　　请使用 Word 软件,按照素材"自荐信(效果).pdf",录入自荐信内容。文件保存为"自荐信.docx",时间为 15 min。

技术准备

　　相关软件:Word 文字处理软件。

　　实训素材:"自荐信.pdf"。

　　效果预览:"自荐信.pdf"。

自荐信

尊敬的领导：

您好！

衷心感谢您在百忙之中阅读我的求职自荐信。我真诚的渴望能够加入贵公司，相信我的知识和能力不会让您失望，无愧于您的选择。大学三年，我努力学习，不断完善超越自己，养成了独立分析、解决问题的能力，同时也具备了一定的团队合作精神。严峻的就业形势使我从各方面严格要求自己，系统地学习和掌握了基础和专业知识，学习成绩优异。

学习很重要，但是要全面发展，所以在校三年来我也尤为注重自己的能力培养，自进校初我就参加了系学生会，在这里我培养了认真、细心的工作习惯，踏实的工作态度，以及良好的沟通和协调能力。第二学年我在班级担任了团支书一职，并在学校担团总支组织委员一职，通过管理班级我提高了团结协作能力，并在团支部的管理工作中变得更加干练。此外，假期里，我积极地参加各种社会实践，抓住每一个机会锻炼自己，认真实践在学校学习的理论知识。

作为大三毕业的学生，虽然工作经验不足，但我会虚心学习、积极工作、尽忠尽责做好本职工作。诚恳希望得到贵单位的接约或给与面试的机会，以进一步考查我的能力。

图 4-1　自荐信效果

视频●┈┈┈┈

自荐信

🖹操作提示

①在指定位置新建一个 Word 软件，命名为"自荐信"，选择一种习惯的输入法。

②格式设置：标题字体选择"宋体""二号""加粗""居中"，正文字体选择"宋体""四号"，行距为"2 倍行距"，"首行缩进 2 字符"。

③按照素材"自荐信.pdf"，录入自荐信内容。

④保存文档，效果如图 4-1 所示。

✎技术小结

本节主要学习了：在 Word 软件中使用正确的打字指法和姿势，按照时间要求录入常见汉字和标点符号。掌握输入法的切换，文件保存和另存为方法，全角和半角的区别等技术。

⊞评分标准

序　号	具体内容要求	评　分
1	15 min 内按成 462 个字符的输入	70 分
2	文本输入过程中，坐姿端正，指法正确，会快速切换中英文输入法	20 分
3	按照操作要求完成字体、段落的设置	5 分
4	按照操作要求将文档保存为"自荐信.docx"，并提交	5 分

注：15 min 内未录完的字符按照每个 0.2 分扣分。

实训 2　文本输入——书一页

▤问题描述

请使用 Word 软件，按照素材"书一页（效果）.pdf"，录入文字内容，文件另存为"书一页.docx"，时间为 45 min。

⚙技术准备

相关软件：Word 文字处理软件。

实训素材:"图3-24 字号下拉列表.png""图3-25 调整文本大小.png""图3-25 调整文本大小1.png""图3-26"字体"对话框.png"。

效果预览:书一页(效果)pdf。

操作提示

①在指定位置新建一个 Word 文档,命名为"书一页",选择一种习惯的输入法。

②格式设置:页边距选择"自定义页边距",上、下页边距为"2 厘米",左、右页边距为"2 厘米",正文字体选择"宋体","五号"字,行距选择"固定值","16"磅。

③按照素材"书一页(效果).pdf",录入文字内容,注意项目符号的正确使用。

④将素材中的图片按要求插入到指定位置。

⑤页眉设计:双击页眉编辑区,选择"插入"→"形状"命令,插入自选图形"矩形",调整至合适大小,设置自选图形样式为"强烈效果 – 蓝色,强调颜色①",在矩形右上侧输入文字和页码,效果如图4-2所示。

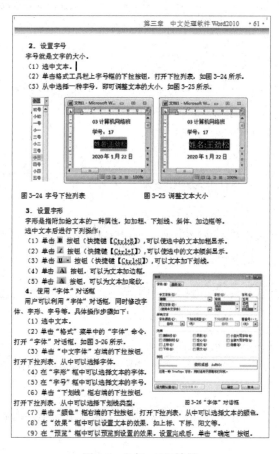

图4-2 "书一页"效果

⑥保存文档。

技术小结

本节主要学习了:在文字录入过程中,打字指法正确和姿势端正,按照时间要求录入常见汉字和标点符号。掌握页面设置,字体、段落设置,图片的插入和排版,图注的插入,编号的使用,页眉的插入和编辑等技术。通过练习加强文字录入的速度的准确性。

评分标准

序 号	具体内容要求	评 分
1	45 min 内按"书一页(效果).pdf"完成文字的录入和图片的排版,版面整齐	60 分
2	按照操作步骤完成页面、字体、段落的设置	10 分
3	会正确使用编号	10 分
4	能在指定位置插入图片和图注,会对图片进行适当调整	5 分
5	按照效果图完成页眉的编辑	5 分
6	会使用截图工具完成小图标的截图和插入	5 分
7	作品完成,按要求文件格式、名称保存,并提交	5 分

实训3 查找和替换——规范整齐的期末试卷

问题描述

请使用 Word 软件查找和替换功能,完成下列试卷排版。

①删除试卷所有的答案。

②判断题部分所有的括号右对齐且保证同样大。

③选择题部分所有的答案对齐。

技术准备

相关软件:Word 文字处理软件。

实训素材:"期末试卷.docx"。

效果预览:"期末试卷(效果).pdf"。

操作提示

(1)删除填空题下画线上的答案

①找到素材文档"期末试卷.docx",在指定位置建立一个副本,打开副本进行编辑。

②选中填空1~6题题干部分,选择"开始"选项卡→"编辑"组→"替换"选项,弹出"查找和替换"对话框,单击"特殊格式"按钮,在弹出的选项中选择"任意字符",单击"格式"下拉按钮,在打开的下拉菜单中选择"字体"命令,打开"查找字体"对话框,在"下画线线形"处选择"单线型"。

视频 ●

规范整齐的期末试卷

③切换到"替换"选项卡,如图4-3所示,在"替换为"文本框中输入空格,单击"格式"下拉按钮,在打开的下拉菜单中选择"字体"命令,在弹出的"查找字体"对话框中选择"单线型"下画线,返回到"查找和替换"对话框,单击"全部替换按钮"按钮即可删除填空题下画线上的答案。

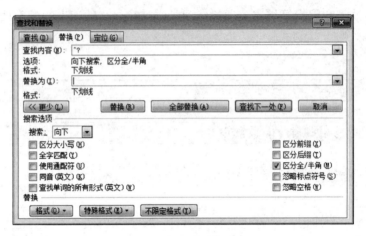

图4-3 "查找和替换"对话框(1)

(2)删除判断题和选择括号中的答案

选中判断题和选择题,选择"开始"选项卡→"编辑"组→"替换"选项,弹出"查找和替换"对话框,先在"查找内容"文本框中输入"( )",在两个括号之间单击一下。单击"特殊格式"下拉按钮,在打开的下拉菜单中选择"任意字符"选项,切换到"替换"选项卡,在"替换为"文本框中输入"( )",注意输入的是中文状态下的括号,在两个括号之间输入一个空格号,如图4-4所示,单击"全部替换"按钮,弹出询问对话框,单击"是"按钮显示替换完成。

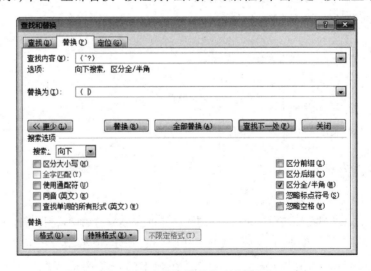

图4-4 "查找和替换"对话框(2)

知 识 链 接

通配符,是指任意字符,只能代替一个字符,如果括号内有多个字符,则需要分部操作,先替换一个的,再两个的,以此类推。

（3）判断题所有的括号右对齐且保证同样大小

①选中判断题题干部分,选择"开始"选项卡→"编辑"组→"替换"选项,弹出"查找和替换"对话框,先在"查找内容"文本框中输入空格,在"替换为"文本框中单击一下,如图 4-5 所示,单击"全部替换"就可以删除括号前面的所有空格。

图 4-5　"查找和替换"对话框（3）

②选择"开始"选项卡→"编辑"组→"替换"选项,弹出"查找和替换"对话框,先在"查找内容"文本框中输入句号,在"替换为"文本框中输入句号,单击"特殊格式"下拉按钮,在打开的下拉菜单中选择"制表符"选项。单击"格式"下拉按钮,在打开的下拉菜单中,选择"制表位"选项,弹出的"查找制表位"对话框,在"制表位位置"文本框中输入"38 字符",返回到"查找和替换"对话框,如图 4-6 对话,单击"全部替换"按钮即可对齐所有的空格。

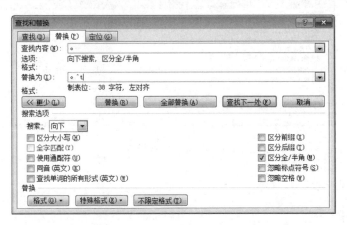

图 4-6　"查找和替换"对话框（4）

（4）选择题部分所有的选项对齐

①选中选择题 1～15 题题干部分，选择"开始"选项卡→"编辑"组→"替换"选项，弹出"查找和替换"对话框，先在"查找内容"文本框中输入空格，在"替换为"文本框中单击一下，取消"区分全/半角"的勾选，如图 4-7 所示，单击"全部替换"按钮就可以删除所有的空格。

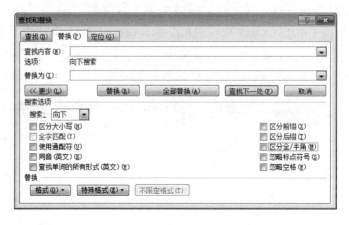

图 4-7　"查找和替换"文本框（5）

②还是应用"查找和替换"对话框，在"查找内容"文本框中输入"［ABCD］"，在"替换为"文本框中输入"^t^&"，选中"使用通配符"复选框，如图 4-8 所示，单击"全部替换"按钮就为所有的选项加上了制表位。

图 4-8　"查找和替换"对话框（6）

（5）保存文档

 知 识 链 接

输入"［］"时，如果你的选项后面有点就输入"［ABCD］."，如果需要给每个选项固定位置则需要打开"制表位"文本框，在制表位位置处输入相应的字符即可。

技术小结

本节主要学习了："查找和替换"不仅可以查找和替换文字、格式、段落标记等,配合通配符还能完成复杂的操作。"查找"和"替换"是两个命令,"查找"的目的能方便快捷地找到数据,"替换"就是修改,替换只有在查找的基础上才能实现。

评分标准

序　号	具体内容要求	评　分
1	作品:"期末试卷.docx",效果使用得当,布局美观	20 分
2	删除填空题下画线上的答案,不漏项	20 分
3	删除判断题和选择括号中的答案,不漏项	15 分
4	判断题所有的括号右对齐且保证同样大小,不漏项	20 分
5	选择题部分所有的选项对齐,不漏项	20 分
6	作品完成,按要求文件格式、名称保存,并提交	5 分

实训 4　Word 文本编辑基本操作——阿斯顿·马丁电动车项目

问题描述

熟练应用 Word 软件文档编辑功能,按照以下要求完成文本"阿斯顿·马丁电动车项目.docx"排版。

①页面设置:将页面颜色设置为"雨后初晴"效果。

②字体设置:将文章标题设置为"粗体""三号"并加着重号,"居中对齐";设置正文中文字体为"四号""宋体",英文字体为"四号""Meiryo",且英文首字母大写。

③段落设置:将第 1 段和第 3 段内容位置互换,为第 1 段"财务状况"和"较低的需求"加上下画线,并调整下画线与字体间距为 3 磅;利用标尺调整第 2 段左缩进 2 字符,右缩进 2 字符。

④设置第 1 段首字下沉,下沉 2 行,且距正文 0.5 厘米。

⑤去除页眉、页眉线。

⑥关闭拼写语法错误功能。

技术准备

相关软件:Word 文字处理软件。

实训素材:"阿斯顿·马丁电动车项目.docx"。

效果预览:"阿斯顿·马丁电动车项目(效果).pdf"。

操作提示

①找到素材文档"阿斯顿·马丁电动车项目.docx",在指定保存位置建立一个副本,打

视频●┈┈┈┈

阿斯顿·马丁电动车项目

开副本进行编辑。

②页面设置。

单击"页面布局"选项卡→"页面背景"组,单击"页面颜色"下拉按钮,从打开的下拉菜单中选择"填充效果"选项,打开"填充效果"对话框,选择"渐变"选项卡,"预设"颜色设置为"雨后初晴",如图4-9所示。

③字体设置。

a. 选中标题文字,选择"开始"选项卡,在"字体"组中单击"加粗"按钮,"字号"框中选择"三号",在"段落"组中单击"居中对齐"(检测标题是否正确居中:选中标题后,单击"两端对齐"按钮,观察标题是否对齐页面最左侧)。

b. 在第1段段首单击一下,按住【Shift】键,在文本的末尾再单击一下,则可以完成连续选择,选择"字体"组上"扩展功能"选项,打开"字体"对话框,"中文字体"下拉列表框中选择"宋体","西文字体"下拉列表框中选择"Meiryo","字号"下拉列表框中选择"四号",如图4-10所示,单击"确定"按钮即可同时设置不同的中、英文字体。

图4-9 "填充效果"对话框　　　　图4-10 "字体"对话框

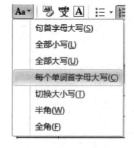

图4-11 "更改大小写"
下拉菜单

c. 单击"字体"组上"更改大小写"下拉按钮,从打开的下拉菜单中选择"每个单词首字母大写"选项,如图4-11所示。

④段落设置。

a. 选中第1段文字,按【F2】键,将光标插入点位置定位到文章末尾新起一段的位置处,此时光标插入点变为虚线,按下【Enter】键即可完成所选文本的移动。注意:按住【Shift + Alt】组合键,按【↑】键或者【↓】键即可移动选中的段落。

b. 选中第1段"糟糕的财务状况"和"较低的需求"等文字,单击下画线图标,打开"字体"对话框,选择"高级"选项卡,"字符间距"中功能框位置下拉列表框内选择"提升","磅值"框中可以根据需要填写合适数字,这里默认为"3",单击"确定"按钮即可提升文字在本行中的位置,如图4-12所示,在"糟糕的财务状况"后面输入一个"空格"(无下画线),单击"下画线"图标即可调整文字和下画线之间的间距,同理的方法对"较低的需求"进行设置。

　　c. 选择"视图"选项卡→"显示"组,选中"标尺"复选框,就可以显示标尺,选中第 2 段文字,单击标尺上方的"左缩进"滑块,按住鼠标左键不放并拖动至"2 字符"处,松开鼠标,同样单击标尺上方的"右缩进"滑块,按住鼠标左键不放并拖动至"38 字符"处,松开鼠标即可完成左右缩进。如果要精确控制拖动,则需要同时按住【Alt】键。

　　d. 设置首字下沉。

　　删除第 1 段首行空格(段落中的首字不能是空格,否则"首字下沉"菜单命令是灰色不可选的),将光标移到第 1 行左侧空白处,待光标变成白色的箭头后,双击则选中本段文字(单击选中本行文字,三击选中全部文字),也可以只选择需要下沉的文字,单击"插入"选项卡→"文本"组→"首字下沉"下拉按钮,在打开的下拉菜单中选择"首字下沉选项"选项,打开"首字下沉"对话框,选择"下沉","下沉行数"框中输入"2","距正文"框中输入"0.5 厘米",如图 4-13 所示,单击"确定"按钮,设置完成。

图 4-12　"字体"对话框

图 4-13　"首字下沉"对话框

　　e. 去除页眉、页眉线。

　　单击"插入"选项卡→"页眉和页脚"组→"页眉"下拉按钮,从打开的下拉菜单中选择"删除页眉"选项即可删除页眉内容,但是仍然留有一条页眉线,双击页眉线,单击"开始"选项卡→"字体"组,选择"清除格式"选项,退出页眉和页脚编辑即可删除页眉线。

　　f. 关闭拼写语法错误功能。

　　选择"文件"→"选项"命令,打开"Word 选项"对话框,单击"校对",在 Word 中更正拼写和语法时，取消"键入时检查拼写"复选框的勾选，如图4-14所示，即可关闭拼写语法错误功能。

图4-14　"Word 选项"对话框

知识链接

认清标尺上的4个滑块，如图4-15所示。

图4-15　标尺和滑块

首行缩进是将段落的第1行从左向右缩进一定的距离，首行外的各行都保持不变，便于阅读和区分文章章、节。

悬挂缩进与首行缩进正好相反，即在一个段落中，除第1行之外从第2行开始的其他所有行都调整缩进位置。

左缩进是将整个段落都缩进指定的字符距离,通过它可以控制段落左边对齐的位置。

右缩进是将整个段落都缩进指定的字符距离,通过它可以控制段落右边对齐的位置。

技术小结

本节主要学习了:Word 文本编辑基本操作项目繁多,但是日常运用较为广泛,只有规范操作,才能提高工作效率。本节主要学习了字体设置,段落设置,页眉和页眉线的删除,首字下沉,关闭拼写语法错误功能等技术。

评分标准

序 号	具体内容要求	评 分
1	作品:"阿斯顿·马丁电动车项目.docx",效果使用得当,布局美观	30 分
2	将文章标题设置为"粗体""三号"并加着重号,"居中对齐"	10 分
3	设置正文中文字体为"四号""宋体",英文字体为"四号""Meiryo",且英文首字母大写	10 分
4	将第 1 段和第 3 段内容位置互换,为第 1 段"糟糕的财务状况"和"较低的需求"加上下画线,并调整下画线与字体间距为 3 磅	15 分
5	设置第 1 段首字下沉,下沉 2 行,且距正文 0.5 厘米	10 分
6	去除页眉、页眉线	10 分
7	利用标尺调整第 2 段左缩进 2 字符,右缩进 2 字符	5 分
8	关闭拼写语法错误功能	5 分
9	作品完成,按要求文件格式、名称保存,并提交	5 分

实训任务 2　图文混排

实训目标

- 学会在文档中插入图片的方法,学会图片格式的设置,包括调整图片大小、样式、环绕方式等;
- 学会在文档中插入自选图形的方法,学会对自选图形进行格式设置,包括组合,对齐,填充效果等;
- 学会在文档中插入文本框并设置文本框和字体格式;
- 学会在文档中插入艺术字,并设置艺术字字体格式和样式;
- 学会在文档中插入表格,熟练调整表格,会选择表格中的行、列和单元格,会合并和拆分单元格,会设置单元格对齐方式,会美化表格,包括装饰表格的边框和底纹,会在表格中插入各种对象;
- 学会在文档中插入和编辑 SmartArt 图形;

- 学会在文档中插入剪贴画的方法；
- 会设置表格，文本框等无边框，透明色。

实训5　图文混排——恭贺新春

问题描述

熟练应用 Word 软件功能，按照以下要求进行排版，效果如图 4-16 所示（详见"恭贺新春（效果）.pdf）。

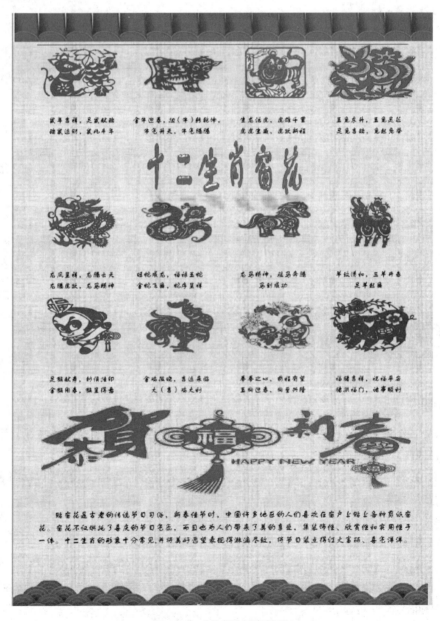

图 4-16　"恭贺新春"效果

①页面布局:设置窄页边距,使用表格排版。

②插入图片:单元格内图片大小一致,删除背景色,对齐方式为水平居中对齐。

③插入艺术字:设置艺术字字体为"方正舒体""小初"号,艺术字文本框左右居中对齐,文本效果选择"阴影"→"右下对角透视","转换"→"双波形 1"。

④插入文字:在单元格内插入相应生肖文字,字体选择"方正舒体""五号",最后一个单元格内的字体为"方正舒体""四号"。

⑤插入页眉、页脚图片,并作适当调整

⑥调整页面、去除边框线,使页面布局美观。

技术准备

相关软件:Word 文字处理软件。

实训素材:"恭贺新春.jpg""鼠.jpg""牛.jpg""虎.jpg""兔.jpg""龙.jpg""蛇.jpg""马.jpg""羊.jpg""猴.jpg""鸡.jpg""狗.jpg""猪.jpg""页眉.jpg""页脚.jpg""文字资料.docx"。

效果预览:"恭贺新春(效果).pdf"。

操作提示

(1)页面布局

在指定位置新建一个 Word 文档,命名为"恭贺新春",单击"页面布局"选项卡→"页面设置"组→"页边距"下拉按钮,从打开的下拉菜单中选择"窄"页边距,单击"页面背景"组下拉按钮,从打开的下拉菜单中选择"填充效果"选项,选择纹理填充为"纸莎草纸"。在空白处插入一个 4×9 的表格。分别将第 3 行、第 8 行、第 9 行的 4 个单元格合并,设置单元格对齐方式为"水平居中"。

(2)插入图片和文字

①分别在单元格内按要求插入图片,设置所有图片自动换行为"四周环绕型",删除所有图片背景。

②选中十二生肖图片,单击"图片工具格式"选项卡→"大小"组→"扩展功能",打开"布局"对话框,取消勾选"锁定纵横比",在"高度绝对值"文本框中输入"2.8 厘米",在"宽度绝对值"文本框中输入"4.4 厘米"如图 4–17 所示,单击"确定"按钮后就可以将所有的图片设置为大小一致。调整"恭贺新春"图片至合适大小。

③在十二生肖对应的单元格下方插入相应成语,适当调整字体对齐,设置成语所在单元格高度均为"1.2 厘米"。设置所有字体设置为"方正舒体""五号",最后一个单元格内插入相应文字,设置字体为"方正舒体""四号"。

(3)插入艺术字

调整艺术字所在单元格的高度为"3 厘米"。在第 3 行的单元格中选择"插入"选项卡→"文本"组→"艺术字",选择第 5 行第 3 列样式,在艺术字框中输入"十二生肖窗花"。选

视频

恭贺新春

中文字,设置字体为"方正舒体",字号为"小初",颜色为"红色",单击文本框,设置文本框对齐方式为左右居中,单击"艺术组样式"组→"文本效果"下拉菜单→"阴影"→"右下对角透视",选择"转换"→"双波形1",即可完成艺术字设置。

图4-17 "布局"对话框

(4)插入页眉、页脚

双击页眉编辑区,在居中的位置插入图片"页眉.jpg",剪切页眉白色部分,横向拉伸图片至页面边界,设置页眉距边界为"1.2厘米",同样的方法设置页脚。

(5)去除边框线

单击表格全选柄,选择"表格工具设计"选项卡→"表格样式组"→"边框"下拉菜单→"边框和底纹"选项,打开"边框和底纹"对话框,选择"无边框"样式就可以隐藏边框线。

(6)隐藏段落标记,保存文档

技术小结

本节主要学习了:在图文混排时表格的操作,图片的调整,页眉和页脚的编辑,艺术字的编辑,文本框、边框和底纹设置等。除用表格排版布局外,Word图文混排还可以使用插入文本框和分栏等方式来排版,以达到整齐、美观的效果。

评分标准

序 号	具体内容要求	评 分
1	作品按要求完成:整体布局美观,效果使用得当	50分
2	表格的操作:插入表格,按要求对单元格进行合并,在单元格内插入图片和文字,并进行格式设置,编辑完毕将表格设置为无框	10分

续表

序　号	具体内容要求	评　分
3	图片调整：单元格内图片大小一致，对齐方式为水平居中对齐	15 分
4	页眉、页脚的插入和编辑：在页眉和页脚区插入对应的图片并按要求进行编辑	10 分
5	插入艺术字，设置艺术字字体为"方正舒体""小初"号，艺术字文本框左右居中对齐，效果和整个页面效果协调	10 分
6	作品完成，按要求文件格式、名称保存，并提交	5 分

实训 6　图文混排——制作求职简历

问题描述

制作一份求职简历，效果如图 4-18 所示（详细效果见"制作求职简历（效果）.pdf"）。

图 4-18　制作求职简历效果图

①页面设置为 A4,纵向,普通页边距。

②简历版面由一个 2×9 的无边框表格组成,其中左半部分是 3 个大的单元格为蓝色底纹,需要插入图片、图标、SmartAart 图形、剪贴画、表格、文字等,并调整图片和文字的格式。两个小的单元格为黑色底纹,只需要插入文字,且调整文字间距颜色。

③右半部分 4 个大的单元格为无颜色底纹,需要在单元格内插入无边框文本框,并在文本框内插入相关文字,且调整文字格式。4 个窄的的单元格为蓝色底纹,需在上方插入自选图形并添加文字。

技术准备

相关软件:Word 文字处理软件。

实训素材:"电话.jpg""应聘岗位.jpg""邮箱.jpg""照片.jpg""住址.jpg""简历内容.docx"。

效果预览:"制作求职简历(效果).pdf"。

操作提示

制作求职简历

(1)页面设置

在指定位置新建一个 Word 文档,命名为"制作求职简历",纸张大小、纸张方向,页边距不需做任何处理,默认即可。

(2)创建表格

单击"插入"选项卡→"表格"组→"表格"下拉按钮,在打开的下拉菜单中选择"插入表格"选项,在弹出的对话框中输入列数"2"和行数"9",可得到一个 2×9 的标准表格。

(3)调整表格

①选中第 1 列 9 个单元格,选择"表格工具布局"选项卡→"合并"组→"合并单元格"选项即可将左列 9 个单元格合并为 1 个大的单元格。

②单击第 2 列第 2 个单元格,单击"单元格大小"组,单击"扩展功能"按钮,弹出"表格属性"对话框,在"指定行高"文本框中输入数字"0.33 厘米",同理将其他 3 个同类型的单元格高度也调整为"0.33 厘米"。单击单元格,将光标置于单元格下边框线上,待出现上下调整符号时拖动下边框线将单元格按照版面的规格调整至合适大小。

③单击左侧列单元格,单击"表格工具设计"选项卡→"绘图边框"组→"绘制表格"选项,在左侧大单元格内绘制两个合适的单元格,并调整高度一致。这样整个简历的版面就设计完毕。

(4)设置单元格的底纹

单击第 1 列第 1 个单元格,单击"表格工具设计"选项卡→"表格样式"组→"底纹"下拉按钮,在弹出的下拉菜单中设置单元格底纹颜色为蓝色,同理设置其他有底纹的单元格。

(5)在表格内插入内容并设置字体

①在第 1 个单元格内插入图片"照片.jpg",设置其自动换行为"四周环绕型",图片样式为"柔化边缘椭圆",调整图片至单元格上部中央。在图片下方插入一个 2×5 的表格,分别在表格内插入相关图标和文字并调整到合适大小。设置含有"张三"字样的单元格的对

齐方式为"水平居中"，其他单元格的对齐方式统一为"中部靠左对齐"。

②在单元格内输入文字"荣誉证书"和"兴趣爱好"，调整字体为"宋体"、字号为"小三"、字体颜色为"白色"，字体间距加宽至"5 磅"。

③单击荣誉证书下方的单元格，选择"插入"选项卡→"插图"组→"SmartAart"选项，打开"选择 SmartAart 图形"对话框，如图 4-19 所示，插入"堆积维恩图"图形，单击"Smart Aart 工具设计"选项卡→"SmartAart 样式"组，选择"三维""嵌入"样式，并更改颜色为"彩色范围-强调文字颜色 2 至 3"，如图 4-20 所示，调整图片至合适大小。

④在"兴趣爱好"下方的单元格内插入一个 3×4 的表格，第 3 行和第 4 行合并成 2 列，调整中线至合适的位置，在表格内分别插入文字和剪贴画，如图 4-21 所示，调整至合适大小。

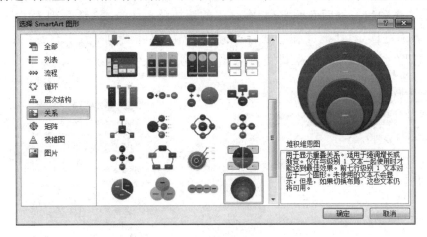

图 4-19　"选择 SmartAart 图形"对话框

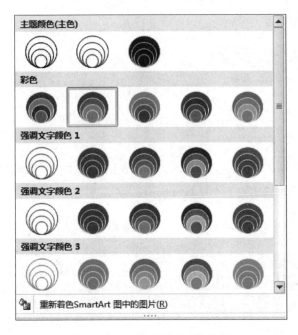

图 4-20　"更改颜色"下拉菜单

图 4-21　插入"剪贴换"窗格

⑤在右侧第 1 个窄的单元格上方分别插入一个"矩形",调整图片自动换行为"浮于文字上方",填充颜色为"蓝色",将该图形拖至合适的位置,复制该图形粘贴 3 次,并拖至合适位置,添加相应文字。

⑥在"教育背景"下方单元格内插入 1 个文本框,调整至合适大小,将素材中的文字粘贴到文本框内,调整字体为"宋体",字号为"六号",颜色为"黑色","单倍行距"。同理添加其他单元格内的文字。

(6)添加项目符号

选中文字,单击"开始"选项卡→"段落"组→"项目编号"下拉按钮,打开"项目符号库",选择一种形状即可完成添加,如图 4-22 所示。添加的项目符号离文字较远,需要调整一下间距。右击项目符号后面的空白,在弹出的快捷菜单中选择"调整列表缩进"选项,打开"调整列表缩进量"对话框,"编号之后"文本框中选择"不特别标注","文本缩进"文本框中输入"0 厘米",如图 4-23 所示,即可调整项目编号和文字的空隙。

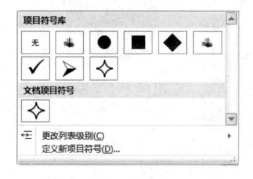

图 4-22　项目符号库　　　　　图 4-23　"调整列表缩进量"对话框

(7)设置边框

设置所有的表格和文本框的边框为"无边框"格式。

(8)保存文档

效果如图 4-18 所示。

技术小结

本节主要学习了:在制作简历时,表格的使用,表中表的设计、表格的单元格对齐、添加表格底纹、图片格式的设置、字符间距的调整,项目符号的应用等技术。

评分标准

序　号	具体内容要求	评　分
1	作品版面整体效果良好,图片、文字处理得当,布局美观	30 分
2	熟练调整表格:包括插入表格、修改行高列宽、绘制表格、合并单元格	5 分

续表

序　号	具体内容要求	评　分
3	按照效果图将部分单元格设置成蓝色和黑色底纹	5 分
4	调整文字"荣誉证书"和"兴趣爱好"字体、字号、颜色、间距	5 分
5	在单元格内插入"照片 . jpg",设置自动换行为"四周环绕型",图片样式为"柔化边缘椭圆",调整图片至单元格上部中央	5 分
6	在单元格内插入 SmartAart 图形"堆积维恩图",设置格式为"嵌入"样式,并更改颜色为,调整图片至合适大小	5 分
7	在单元格内插入表格,在表格内插入个人信息和兴趣爱好方面的文字和图标,对整齐并调整字符间距	15 分
8	在表格上方添加自选图形,设置自动换行为"浮于文字上方",填充颜色为"蓝色"	5 分
9	使用文本框添加文字,并对文字格式进行设置	10 分
10	为文字添加项目符号,并调整间距	10 分
11	作品完成,按要求文件格式、名称保存,并提交	5 分

实训任务 3　Word 长文档排版

实训目标

- 学会按毕业论文排版要求搭建论文框架;
- 会对文章分页、分节;
- 会设置封面;
- 自动生成目录、更新目录;
- 会使用样式快速设置格式;
- 学会在论文中插入图片并添加编号及引用;
- 学会设置不同的页眉页脚;
- 学会插入页码。

实训 7　Word 长文档排版——毕业论文排版

问题描述

　　工作生活学习中,总是要用上 Word,但很多时候,大部分人对 Word 的操作使用掌握程度仍处于入门级阶段,遇上一些复杂的情况,需要上网搜索求助。如每年让大学生头疼的毕业论文,除了文字内容以外,排版格式也是相当繁琐的操作。

　　按以下要求对毕业论文进行排版,效果详见教材"毕业论文排版(效果). pdf"。

　　①封面设计如素材效果图所示。

②目录效果:"目录"二字水平居中,宋体、小五号,间距为17磅,目录显示三级标题。

③正文格式如下:

页面设置:默认设置即可。

一级标题:黑体、三号、首行缩进2字符、1.5倍行距。

二级标题:黑体、四号、首行缩进2字符、1.5倍行距。

三级标题:黑体、小四号、首行缩进2字符、1.5倍行距。

正文格式为:宋体、小四号、首行缩进2字符、行距设置值为固定值20磅。

封面、声明、摘要、Abstract、目录、参考文献,致谢部分用标题1样式,居中。

④对论文结构进行分页、分节处理。

⑤在文档中插入两张图片并按要求添加编号及引用。

⑥设置页眉页脚:页眉奇偶页页眉不同,字体居中,小五号宋体;奇数页为"昆明铁道职业技术学院",偶数页为"论述重要性原则其在成本会计中的运用";页脚右侧添加阿拉伯数字页码,小五号、Calibri字体;封面页不添加页眉页脚。

技术准备

相关软件:Word文字处理软件。

实训素材:"毕业设计排版提纲.docx""成本内涵.jpg""成本效益.jpg"。

效果预览:"毕业论文排版(效果).pdf"。

操作提示

视频

毕业设计排版

(1)页面设置

在指定位置新建一个Word文档,命名为"毕业设计排版",页面设置默认即可。

(2)规划样式并应用样式

①选择"开始"选项卡→"样式"组,右击"标题1"样式,在弹出的快捷菜单中选择"修改",打开"修改样式"对话框,修改标题1的格式为:黑体、三号、首行缩进2字符、1.5倍行距。

②同理修改标题2的格式为黑体、四号、首行缩进2字符、1.5倍行距。

③修改标题3的格式为黑体、小四号、首行缩进2字符、1.5倍行距。

④修改正文格式为宋体、小四号、首行缩进2字符、行距设置值为固定值20磅。

⑤将论文结构复制到"毕业设计排版"文档,复制论文大纲内容替换"论文正文"。不连续选中4个一级标题,单击"标题1"样式即可完成一级标题格式设置。同理设置二级标题为"标题2"样式,设置三级标题为"标题3"样式。封面、声明、摘要、Abstract、目录、参考文献,致谢部分用标题1样式,居中对齐。

(3)对论文结构进行分页、分节处理

单击"页面布局"选项卡→"页面设置"组→"分隔符"下拉按钮,打开"分隔符"下拉菜单,如图4-24所示,在声明前插入分页符,在摘要前插入分节符下一页,在Abstract前插入分页符,在目录前插入分节符下一页,在论文正文部分第 1 个大标题前插入分页符,第 2 个大标题前插入分页符,第 3 个大标题前插入分页符,第 4 个大标题结束语前插入分页符,参考文献前插入分节符下一页,在致谢前插入分页符。将摘要、引言、结束语、参考文献的内容复制到具体位置。

（4）插入文档目录

给各级标题应用了修改的样式后,单击"目录"下方空白处,单击"引用"→"目录"组→"目录"图标下拉按钮,在打开的下拉菜单中选择"插入目录"选项,打开"目录"对话框,如图 4-25 所示,设置"显示级别"为"3 级",单击"修改"按钮,将目录字体设为"小五号",行距为"1.5 倍行距"。

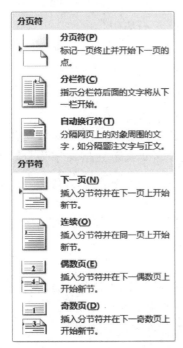

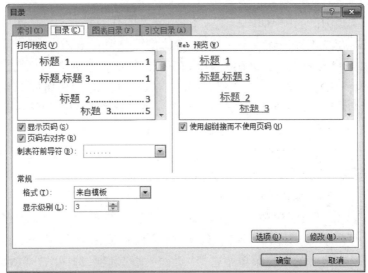

图 4-24 "分隔符"下拉菜单　　　　　图 4-25 "目录"对话框

（5）插入图片并给图片加编号及引用

①在图示位置分别插入图片"成本效益.jpg"和"成本内涵.jpg",缩放至合适大小,设置图片居中对齐。

②给两张图片加编号及引用。单击"引用"选项卡→"题注"组→"插入题注",打开"题注"对话框,单击"新建标签",打开如图 4-26 所示对话框,在"标签"文本框中输入"图",单击"编号",打开"题注编号"对话框,如图 4-27 所示,取消勾选

图 4-26 "新建标签"对话框

"包含章节号"复选框,单击"确定"按钮,在"题注"文本框中输入"成本效益",如图 4-28 所示,确定即可完成对图片的,编号及引用,其他图片同理操作。

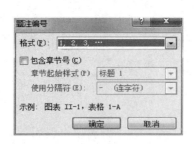

图 4-27 "题注编号"对话框   图 4-28 "题注"对话框

●视频

封面设置

（6）设置封面（本部分做弹性处理，时间充裕可完成封面设计）

①删除文字"封面"，在文档中插入图片"天佑楼.jpg"，设置图片自动换行为"四周环绕型"，拖动图片至页面顶端，等比例缩放至合适大小，对齐方式为"左右居中"。

②在文档中插入图片"学院标志.jpg"，设置图片自动换行为"四周环绕型"，拖动图片至图示位置，等比例缩放至合适大小，调整图片颜色为"设置透明色"。

③在文档中插入一个文本框，设置图片自动换行为"四周环绕型"，拖动图片至图示位置，在文本框内输入图示文字，等比例缩放至合适大小，对齐方式为"左右居中"。

④插入一个 2×7 的表格，在表格内输入图示文字，设置表格行高为"1.5 厘米"，字体为："四号""宋体""加粗"，单元格对齐方式为"水平居中"，设置左侧列单元格文字为分散对齐并调整宽度为"6 字符"，右侧列单元格文字为分散对齐并调整宽度为"8 字符"，根据图示去除掉不必要的边框线即可。

⑤选择"表格工具布局"选项卡→"表"组→"属性"选项，打开"表格属性"对话框，选择"表格"选项，设置表格对齐方式为"居中"。

（7）设置"页眉和页脚"（先插入页码，再插入页眉）

①双击页脚位置，选择"页眉和页脚工具设计"→"页码"→"设置页码格式"选项，打开"页码格式"对话框，勾选"起始页码"设置值为"0"，单击"确定"按钮，单击"页码"下拉按钮，在打开的下拉菜单中选择"页面底端"选项，选择"普通数字 3"即可插入页码。单击"关闭页眉和页脚"选项即可退出页眉和页脚编辑状态。

②单击"插入"→"页眉和页脚"组→"页脚"下拉按钮，在打开的下拉菜单中选择一种内置页眉格式，进入"页眉和页脚工具设计"界面，在"选项"组上勾选"首页不同""奇偶页不同"，在任意一张奇数页页眉处插入文字"昆明铁道职业技术学院"，在任意一张偶数页页眉处插入文字"论述重要性原则在成本会计中的运用"即可完成奇偶页页眉设置，同样断开链接为第 4 页页眉添加"目录"，删除首页页眉线。

（8）保存文档

 知识链接

分节为页眉、页脚的基础，有关页眉、页脚的要求一般都要先通过"分节"才能实现，如奇偶页不同等；同时，分节也是很多操作的基础，比如纵向版面和横向版面混排。

参考文献的编号与引用：选择"开始"→"段落"→"编号"→"定义新编号格式"选项，在弹出的对话框中选择"编号样式",在"编号格式"数字前后输入中括号(或者其他符号),在编号后输入参考文献相关信息。单击需要插入参考文献的位置,选择"引用"→"题注"组→"交叉引用","引用类型"选择"编号项","引用内容"选择"段落编号"即可插入。如果需要以上标形式标出,选中序号,进行相应的编辑即可。在本题中文献是直接复制没有使用编号方法。

技术小结

本节主要学习了:在对毕业论文进行排版时,章节标题设置、定义文档中要使用的样式,制作和编辑页眉页脚、自动生成目录、图片和表格的编号及引用、参考文献的编号及引用等。只有熟练掌握这些操作,才能提高工作效率排出整齐美观、符合要求的文档。

评分标准

序 号	具体内容要求	评 分
1	整体布局如效果图所示,不多页,不少页,整体效果良好,图片、文字处理得当,布局美观	30分
2	修改样式并将修改后的样式运用于论文不同部分,会打开导航窗格查看并快速找到各级标题	15分
3	在正确的位置对论文进行分页、分节,并清楚分页和分节的区别	15分
4	自动生成目录,目录"显示级别"为"3级",分布在一页纸张上,按要求完成字体和行间距的调整	15分
5	在文中插入两张图片并添加编号及引用	10分
6	编辑页眉页脚:页眉会设置首页不同,奇偶页不同,在页脚部分插入页码	10分
7	作品完成,按要求文件格式、名称保存,并提交	5分

实训8 Word 长文档排版——狼

问题描述

打开素材文档"狼文字.docx",按照"狼(效果).pdf"对文档进行排版。

①封面设计如图所示。

②目录效果:文字"目录"水平居中,宋体,小二号。目录内容字体为宋体、四号,单倍行距,目录显示级别为一级。在下方插入一张图片,居中,调整至合适大小。

③页面设置:左右页边距设置为"2厘米",其余选项默认设置即可。

一级标题:黑体、三号、居中、单倍行距。

第1部分插入12张图片,分两栏,调整页面占两页,第1段和第2段文字加粗居中。第2部分插入两张图片,"团队精神"等文字设置成四号,加粗,占两页。第3部分插入两张图片,"第一,卧薪尝胆。"等文字设置成四号,加粗,斜体,占两页。第4部分插入1张图片,所有成语加粗,分两栏,占一页。第5部分"狼的谚语"等文字设置格式居中,四号。其余文字分两栏,占一页。第6部分插入一张图片,文字前加实心圆点项目符号,占一页。

④页眉区插入两张图片,页码插在页边距右侧。

技术准备

相关软件:Word 文字处理软件。

实训素材:20 张狼图片、"狼文字．docx"。

效果预览:"狼(效果)．pdf。

●视频

狼

操作提示

(1)页面设置

打开"狼文字．docx",新建一个副本,设置左、右页边距为"2 厘米",其他选项不做更改。

(2)设置封面

将光标移至文档最前面,插入一个空白页,在空白处插入艺术字"狼的资料",选择第5 行第 3 列样式,字体为"华文行楷",字号为"100",对齐方式为"左右居中",在文档中分两行输入文字"练习目录、页眉制作"和"昆明铁道职业技术学院",居中对齐,字体为"宋体",字号为"26"。插入艺术字"王劲松",艺术字格式同"狼的资料",字号为"48",在图示位置插入一张图片和文字并调整至合适大小。在图片右侧输插入当前日期,字号为"18 号"。

(3)设置正文格式

①修改并使用样式:选择"开始"选项卡→"样式"组,右击"标题 1"样式,在弹出的快捷菜单中选择"修改",打开"修改样式"对话框,修改"标题 1"的格式为:"黑体、三号、居中,单倍行距"。选中文字"一．狼的一生",单击"标题 1"样式即可完成样式的设置。同理可将其余 5 个标题设置成"标题 1"样式。

②第 1 部分格式设置:选中第 1 部分标题下方 3 行文字,设置文字"加粗""居中"。在指定位置分别插入 12 张图片,选中第 1 部分除标题外的文字,设置首行缩进两字符,页面分两栏,调整图片至栏宽大小,通过调整将页面控制在两页。

③第 2 部分格式设置:在指定位置插入 2 张图片,选中文字"团队精神",设置成"四号""加粗",双击"格式刷",依次刷过需要调整格式的文字即可完成同类字体的设置,适当调整图片大小至第 2 部分内容占两页。

④第 3 部分格式设置:在指定位置插入 2 张图片,选中文字"第一,卧薪尝胆。",设置成"四号""加粗""斜体"。使用格式刷完成同类文字格式的设置,适当调整图片大小至第 2 部分内容占两页。

⑤第 4 部分格式设置:选中第 1 个成语,设置文字加粗,双击"格式刷",依次刷过需要加粗的成语即可完成同类字体的设置,选中文字,分两栏。在末尾插入 1 张图片,居中适当调整图片大小至第 4 部分内容占一页。

⑥第 5 部分格式设置:选中文字"狼的谚语"设置格式"居中""四号",使用格式刷完成同类文字的设置。其余文字分两栏,调整格式使文本占一页。

⑦第 6 部分格式设置:在指定位置插入 1 张图片,选中图片下方所有文字,选择"开始"

→"段落"组→"项目符号"选项,单击实心圆点即可给所有段落添加项目符号,并调整列表缩进,设置字体为"四号"。

（4）设置页眉添加页码

①双击页眉编辑区,在页眉区出现一条页眉线,将光标移到左侧,插入一张图片,调整图片至合适大小,同理在页眉线的右侧插入同样一张图片,并调整两张图片同样大小。

②单击封面页,选择"插入"→"页眉和页脚"→"页码"→"页边距"选项,选择内置格式"强调线（右侧）",即可在页边距右侧插入页码,适当调整至图示效果。

（5）插入目录

选择"引用"→"目录"组→"目录"→"插入目录"选项,打开"目录"对话框,显示级别设置为"1",单击"修改"设置字体为"宋体、四号、单倍行距"。下方插入一张图片,居中,调整至合适大小。

（6）保存文档

知识链接

目录是将文档中所有设置为标题或具有大纲级别的文字自动生成一个带有所在页码的目录,目录可以更新。

技术小结

本节主要学习了:在长文档进行编辑时,设置页面布局、定义文档中要使用的样式,使用格式刷快速完成同类格式的设置,制作页眉、插入页码,自动生成目录等。只有熟练掌握这些操作,才能提高工作效率排出整齐美观、符合要求的文档。

评分标准

序　号	具体内容要求	评　分
1	整体布局效果良好,不多页,不少页,图片、文字处理得当,布局美观	30 分
2	修改样式并将修改后的样式运用于文档一级标题,会打开导航窗格查看并快速找到各级标题	10 分
3	在正文部分按要求插入图片,设置图片格式。使用格式刷快速对文中字体进行格式设置,将一些段落进行分栏	20 分
4	自动生成目录,目录"显示级别"为"1 级",分布在一页纸张上,按要求完成字体和行间距的调整	15 分
5	按要求在页眉区插入图片	10 分
6	按要求在右侧页边距插入竖向页码	10 分
7	作品完成,按要求文件格式、名称保存,并提交	5 分

实训任务4　邮件合并

实训目标

- 了解邮件合并的概念;
- 了解邮件合并运用领域;
- 会使用邮件合并向导进行邮件合并;
- 会使用"规则";
- 会使用信封制作向导制作信封。

实训9　制作邀请函和信封

问题描述

邀请函和信封,这类文档有特定的格式,利用 Word 邮件合并功能可以批量制作这些特定格式的文档,能大大提高工作效率。

技术准备

相关软件:Word 文字处理软件。

实训素材:"邀请函模板.pdf""邀请人员名单.xlsx"。

效果预览:"邀请函(效果).pdf","制作信封(效果).pdf"。

操作提示

制作邀请函

(1)制作邀请函

①在指定位置新建一个 Word 文档,命名为"邀请函",按照"邀请函模板.pdf"自行制作"邀请函模板.docx"。

②打开主文档,将光标定位在内容变化的部分,选择"邮件"→"开始邮件合并"→"邮件合并分布向导",在文档的右侧出现一个"邮件合并"窗格,第 1 步选择"信函"("信函"型文档为每页显示一个文档),单击"下一步",选择"使用当前文档",单击"下一步",选择"浏览",打开数据源文件"邀请人员名单.xlsx"(此时数据源文件需关闭),单击"下一步",选中变化的内容,再单击"其他选项",插入对应的"域"选项。

③选中中文档中"先生\女士",单击"编写和插入域"组→"规则"下拉按钮,在打开的菜单中选择"如果…那么…否则…",打开"插入 Word 域:IF"对话框,"域名"选择"性别","比较条件"选择"等于","比较对象"输入"女","则插入此文字"框中输入"女士","否则插入此文字"框中输入"先生",如图 4-29 所示,单击"确定"按钮即可完成先生、女士的选择(此时插入的域字体会有变化,自行调整即可)。

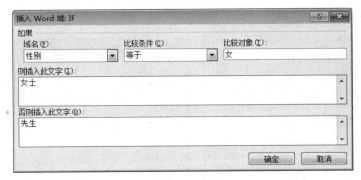

图 4-29 "插入 Word 域:IF"对话框

④单击"下一步""预览信函",单击"下一步","编辑单个信函",弹出"合并到新文档"对话框,"合并记录"选择"全部",如图 4-30 所示(也可以根据需要填写),单击"确定"后即可完成邀请函的制作。

⑤将制作好的邀请函重命名为"邀请函(效果).docx"保存到指定位置。

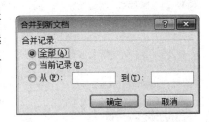

图 4-30 "合并到新文档"对话框

(2)制作信封

单击"邮件"→"中文信封",打开"信封制作向导"对话框,如图 4-31 所示,单击"下一步"按钮,可以根据需要选择"信封样式"勾选相应选项(这里默认即可),如图 4-32 所示。单击"下一步"按钮,勾选"基于地址簿文件,生成批量信封",如图 4-33 所示。单击"下一步"按钮,"选择地址簿"按照路径找到"邀请人员名单.xlsx"(文件类型选择Excel),如图 4-34 所示,依次匹配收件人信息,如图 4-35 所示。单击"下一步"按钮,输入寄件人信息,如图 4-36 所示。单击"完成"按钮,如图 4-37 所示,即可完成信封制作,效果如图 4-38 所示。

视频 ●······

制作信封

●······

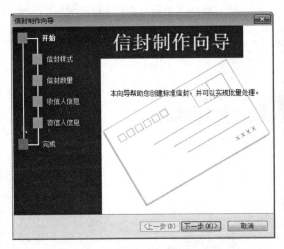

图 4-31 信封制作向导

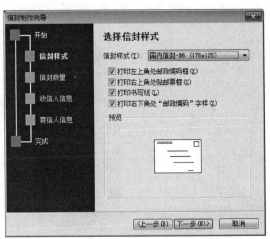

图 4-32 选择信封样式

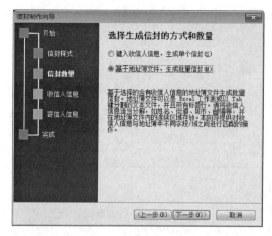

图 4-33　选择生成信封的方式和数量

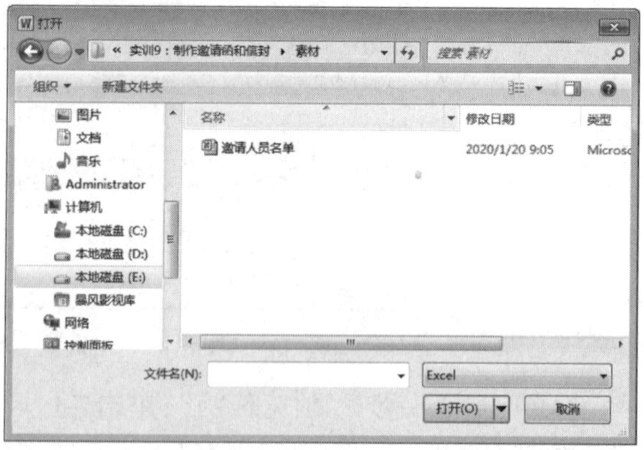

图 4-34　"打开"窗口

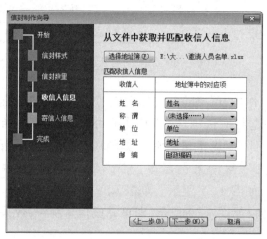

图 4-35　从文件中获取并匹配收信人信息

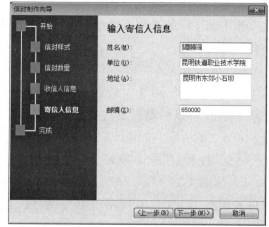

图 4-36　输入寄件人信息

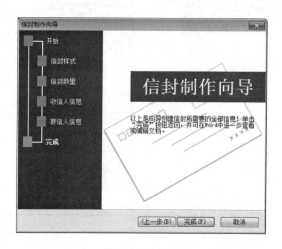

图 4-37　完成

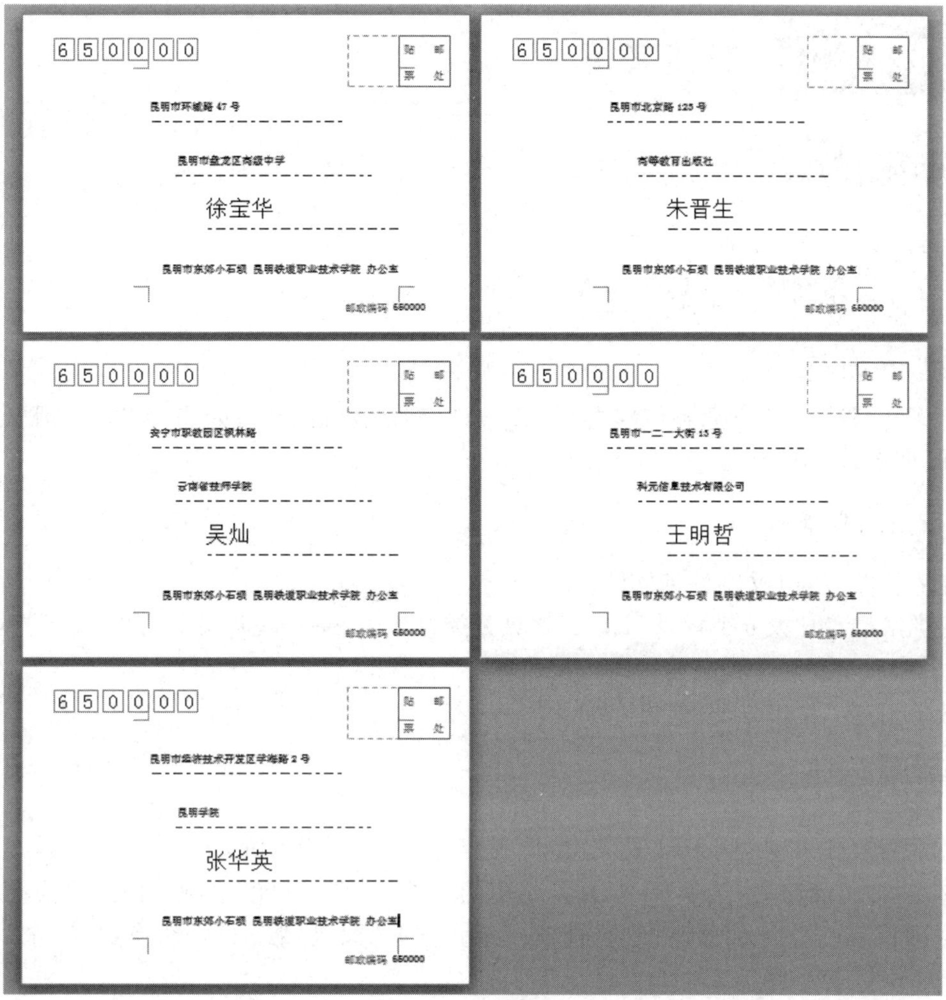

图 4-38　信封效果

技术小结

本节主要学习了：邮件合并最重要的技巧还体现在批量发送邮件，差异点是需要多创建一个邮箱地址的字段，接合 Outlook 分别给这些邮箱发邮件。

评分标准

序　号	具体内容要求	评　分
1	完成邀请函的批量制作，整体布局美观大方	45 分
2	完成信封的批量制作，整体布局美观大方	45 分
3	作品图片完成，按要求文件格式、名称保存，并提交	10 分

实训任务5　打印文档

实训目标

● 学会打印书籍小册子。

实训10　打印文档——垃圾分类

问题描述

工作中,我们经常会遇到将A4排成A3装订成册的情况,或者是直接做成小册子,比如宣传册,期末试卷等。

技术准备

相关软件:Word文字处理软件。

实训素材:"垃圾分类背景.jpg""垃圾分类背景1.jpg""垃圾分类常识.jpg""垃圾分类常识.docx""垃圾分类宣传用语.docx"。

效果预览:"垃圾分类(效果).pdf"。

操作提示

● 视频

垃圾分类

①根据素材和"垃圾分类(效果).pdf"制作4页A4宣传图册。

②选择"页面布局"选项卡→"页面设置"组,打开"扩张功能"选项,打开"页面设置"对话框,"多页"框中选择"书籍折页"选项,"纸张方向"设为"横向"。切换到"纸张"选项,"纸张大小"选择"A3"。

③选择"文件"→"打印"面,纸张选择"A3","双面打印"即可完成宣传册的打印。

④课后将打印好的宣传册上交。

技术小结

本节主要学习了:编辑好Word文档后,需要对文档进行打印,不同的设置可以打印不同的效果。

评分标准

序　号	具体内容要求	评　分
1	整体布局如效果预览图所示,不多页,不少页	30分
2	熟练设置打印选项,并将截图和作品一起提交	20分
3	作品图片完成,按要求文件格式、名称保存,并提交	10分
4	课后将作品打印成册子并提交	40分

实训单元 5

Excel综合应用

Microsoft Office Excel 是常用、方便、功能强大的电子表格软件,它是微软公司出品的 Office 系列办公软件中的一个组件,是二维电子表格软件,能以快捷方便的方式建立报表、图表和数据库。为用户在日常办公中从事一般的数据统计和分析提供了一个简易快速平台。目前,该软件广泛应用于金融、财务、企业管理和行政管理等各领域。从 1985 年的第 1 个版本 Excel 1.0 到现在的版本,Excel 的功能越来越丰富,操作也越来越简便,本书将以目前广泛使用的 Excel 2010 为基础进行介绍。

实训任务 1 　简单的布局与编辑

实训目标

- 熟练启动与退出 Excel 2010 以及工作簿的建立与保存;
- 认识 Excel 的工作界面,会编辑工作表和单元格;
- 熟练输入与编辑不同类型的数据,并掌握自动填充功能,数据有效性的设置;
- 会设置单元格格式,美化表格数据。

实训1 　快速录入及美化数据——公司员工信息表

问题描述

请使用 Excel 软件,将公司部分员工的信息表按照效果图进行编辑、补充数据,可以利用自动填充功能、数据有效性等技巧使得数据输入速度提高又能防止输入错误,通过设置单元格格式、套用单元格样式及使用条件格式等操作进行个性化设置,使该公司员工信息表能更清晰、有效、美观地表现数据。

技术准备

相关软件：Excel 电子表格。

实训素材："公司员工信息表．xlsx"。

效果预览："编辑公司员工信息表．png"。

操作提示

●视频

编辑公司员工信息表

①打开素材中的文件"公司员工信息表．xlsx"（表中数据均为虚构），将文件另存为"编辑公司员工信息表．xlsx"。按照效果图 5-1 将数据补充完整并进行格式设置，其中"工号"利用自动填充功能填入；"性别"列的数据可采用在多个不连续单元格中输入相同数据的方法输入；"身份证号""电话号码"列的数据要设置为文本格式，并用数据有效性设置其文本长度；"学历""部门""职务"列采用数据有效性输入相应的数据，其中"学历"包括大专、本科、研究生、博士，"部门"包括市场部、研发部、销售部、财务部、人事部等，"职务"包括职员、副经理、经理。利用查找替换功能，将基本工资"1 000.00"更改为"1 200.00"。

	A	B	C	D	E	F	G	H	I
1				公司员工信息表					
2								2019年2月统计	
3	工号	姓名	性别	身份证号	学历	部门	职务	基本工资	电话号码
4	GS001	白英	女	530181197310240000	大专	市场部	职员	1200.00	13535655577
5	GS002	陈薇	女	530111198711174001	本科	市场部	职员	1200.00	13697353333
6	GS003	冯一凡	男	53032619780301495X	大专	市场部	经理	3000.00	13394773085
7	GS004	李伟	男	530112198810270032	研究生	研发部	职员	2000.00	13976432122
8	GS005	钱宇	男	530125197903211754	博士	研发部	经理	3500.00	13087777532
9	GS006	孙艳红	女	510681198480617300	本科	研发部	副经理	3000.00	13624544799
10	GS007	王晓萌	女	530121198812150923	研究生	财务部	副经理	2000.00	13856432110
11	GS008	赵虎	男	530125198901130436	研究生	销售部	经理	3500.00	13045007463
12	GS009	周文	女	530181198510050449	本科	销售部	副经理	2000.00	15863444239
13	GS010	张瑞鹏	男	530129198009131518	本科	销售部	职员	1200.00	13900647631

图 5-1 "编辑公司员工信息表"效果图

②设置标题格式，将标题所在行高设置为 30，字体为华文新魏，字号为 20，加粗，颜色为深蓝色，跨列居中在表格中间。在标题行下方插入一空行，设置行高为 15，在相应的位置插入文本框，并输入文字"2019 年 2 月统计"。其余数据所在行高设置为 18，列宽调整为"自动调整列宽"。

③将表格的所有数据加上边框。设置表格列标题（表头行）格式，将数据居中，套用单元格样式"强调文字颜色 4"，其余数据也居中，并套用表格格式"表样式浅色 19"，如图 5-2 所示。

表格每个列标题右侧都增加了筛选按钮，若要隐藏这些按钮，可以单击功能区"表格工具设计"选项卡中的"转换为区域"按钮，将表格区域转换为普通单元格区域即可，如图 5-3 所示操作。

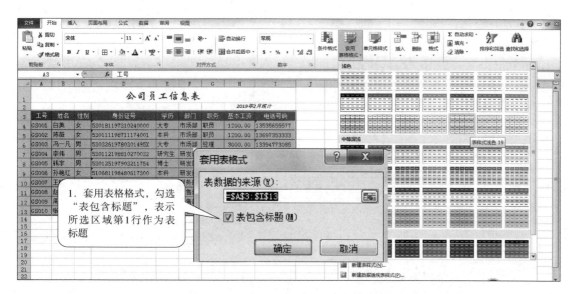

图 5-2　套用表格格式

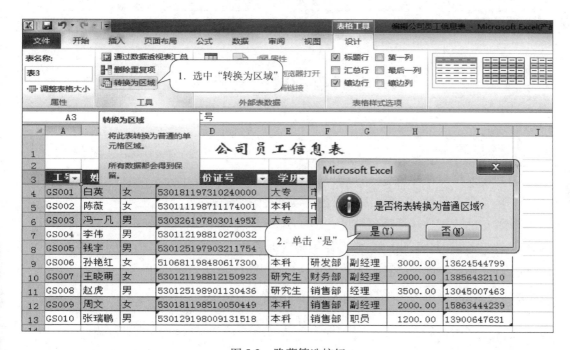

图 5-3　隐藏筛选按钮

④利用"突出显示单元格规则"设置"学历"列,学历是博士的设置字符格式为深红,加粗倾斜,学历是研究生的设置字符格式为黄填充色深黄色文本。利用"数据条"设置"基本工资"列,选择"渐变填充"的"浅蓝色数据条"。

⑤给单元格 B6"冯一凡"添加批注,批注内容为"董事"。将单元格区域 C4:C13 定义名称为"性别"。

技术小结

本节主要学习了：在 Excel 中高效、准确地录入数据，通过设置单元格格式、套用单元格样式、套用表格格式及使用条件格式等操作进行个性化设置，使信息表能更清晰、有效、美观地表现数据等技术。

评分标准

序 号	具体内容要求	评 分
1	按照效果图准确录入数据(使用填充功能,数据有效性),更改数据	30 分
2	设置标题格式	10 分
3	会插入行,插入文本框	10 分
4	设置表头行格式,会套用单元格格式	10 分
5	按要求设置数据格式,会套用表格格式	10 分
6	会使用条件格式表现数据	20 分
7	会添加批注和定义名称	10 分

实训任务 2　Excel 公式与函数的应用

实训目标

- 掌握单元格地址的概念，会正确引用单元格地址；
- 了解各类运算符，能够熟练运用各类运算符编辑公式；
- 能够正确使用公式计算出结果；
- 了解 Excel 中的常用函数，掌握使用函数计算的一般过程；
- 能够使用函数库中的各类函数计算相应结果。

实训 2　公式的应用——解决鸡兔同笼问题

问题描述

请使用 Excel 软件，利用 Excel 文件中的填充功能和公式计算功能，解决鸡兔同笼问题，题目是：鸡和兔子同在一个笼子中，已知共有 50 个头，170 只脚，问鸡和兔子各有几只？

技术准备

相关软件：Excel 电子表格。

效果预览："解决鸡兔同笼问题.png"。

视频 ●⋯⋯

解决鸡兔同笼
问题

📋 操 作 提 示

①新建 Excel 文件,将文件保存为"解决鸡兔同笼问题 . xlsx"。先应用填充功能,在 A 列将鸡的数量填充 0～50 序列,再选中 B2 单元格输入公式"= 50 – A2",填充公式,计算并填充兔子的数量。操作如图 5-4 所示。

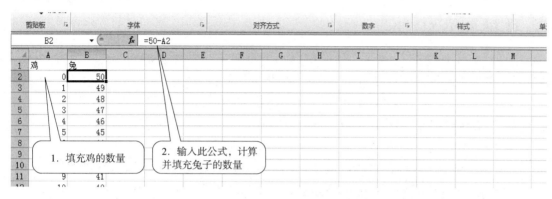

图 5-4　计算并填充鸡和兔的数量

②输入公式"= A2 * 2 + B2 * 4",计算鸡和兔子的脚数量,再进行填充。应用条件格式,突出显示脚的总数是 170 的数据,它所在行的鸡和兔的数据就是此题的答案,操作如图 5-5所示。

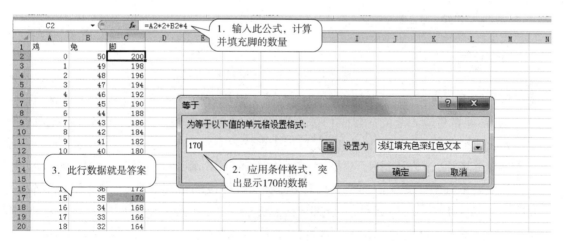

图 5-5　鸡兔同笼的答案

实训 3　函数的应用——计算员工工资报表

📋 问 题 描 述

请使用 Excel 软件,利用 Excel 文件中的公式和函数的计算、填充功能,计算员工的工资,将工资报表补充完整。

技术准备

相关软件：Excel 电子表格。

实训素材："员工工资报表 . xlsx"。

效果预览："计算员工工资报表 . png"。

操作提示

①打开素材中的文件"员工工资报表 . xlsx"，将文件另存为"计算员工工资报表 . xlsx"，将报表中的数据补充完整并进行格式设置，效果如图5-6所示。

②计算并填充"全勤奖"数据列，在本月出勤天数达到23天，则发全勤奖200元，选中单元格G3，在编辑栏输入函数"=IF(C3=23,200,0)"，并按【Enter】键，再填充至G17单元格，计算出结果，将数据居中。

	A	B	C	D	E	F	G	H	I	J	K	L	M	N
1							某公司职员工资单							
2	部门	姓名	出勤（天）	岗位	技能	补贴	全勤奖	奖金	应发工资	住房基金	养老保险	个人所得税	实发工资	
3	后勤处	张远山	23	2218	1120	120	200	1100	4758	202.9	150	454.95	3950.15	
4	办公室	刘旺才	22	2180	1075	110	0	950	4315	165.75	150	388.50	3610.75	
5	人事处	郑海	23	1980	920	100	200	700	3900	135	150	326.25	3288.75	
6	财务处	吴晓薇	23	2054	976	100	200	850	4180	169	150	368.25	3492.75	
7	后勤处	赵成	20	1830	560	80	0	450	2920	96	150	129.50	2544.50	
8	后勤处	王新虎	23	1870	668	90	200	550	3378	108.9	150	175.30	2943.80	
9	统计处	许志军	23	2475	1252	120	200	1200	5247	217.35	150	528.30	4351.35	
10	后勤处	杨学涛	21	705	430	70	0	300	1505	75.25	150	0.00	1279.75	
11	人事处	梁红艳	23	1780	510	80	200	400	2970	98.5	150	134.50	2587.00	
12	办公室	孙芳	23	1951	840	100	200	700	3791	129.55	150	309.90	3201.55	
13	财务处	王小明	23	1867	650	90	200	550	3357	107.85	150	173.20	2925.95	
14	人事处	陈向阳	23	1770	500	80	200	400	2950	87.5	150	132.50	2580.00	
15	办公室	徐宝华	23	1835	575	80	200	450	3140	112	150	151.50	2726.50	
16	统计处	李春兰	20	1736	460	70	0	300	2566	78.3	150	94.10	2243.60	
17	办公室	朱晋生	23	2147	982	110	200	950	4389	184.45	150	399.60	3654.95	
18														
19	超过平均工资的人数：		7											
20	最高工资：		4351.35											
21	最低工资：		1279.75											

图 5-6 计算员工工资报表

③计算并填充"应发工资"数据列，应发工资=岗位+技能+补贴+加班+奖金，选中I3单元格，在编辑栏输入公式"=D3+E3+F3+G3+H3"，或输入函数"=SUM(D3:H3)"并按【Enter】键，再填充至I17单元格，计算出结果。

④计算并填充"个人所得税"数据列，在此列中通过IF函数求出每个人的所得税，根据每个人的应发工资来计算他们的个人所得税，个人所得税的计算规则是：如果应发工资≤1 600元，个人所得税=0元；如果在1 600<应发工资≤2 100元，个人所得税=0.05×(应发工资−1 600元)；如果在2 100<应发工资≤3 600元，个人所得税=0.1×(应发工资−1 625元)；如果在3 600<应发工资≤6 600元，个人所得税=0.15×(应发工资−1 725元)(此规则仅为练习函数使用，不是国家现行个税标准)。根据表中应发工资都不超过6 600元，而且短期内不会有人超过6 600元，作为示范，我们这里就只计算收入在6 600元内的个人所得税，若将来工作中需要时，可以按此方法以此类推。

选中L3单元格，在编辑栏输入IF函数"=IF(I3<=1600,0,IF(I3<=2100,0.05*(I3−1600), IF(I3<=3600,0.1*(I3−1625),0.15*(I3−1725)))))"并按【Enter】键，再填充至L17单元格，计算出结果，数据保留两位小数。

⑤计算并填充"实发工资"数据列,实发工资 = 应发工资 - 住房基金 - 养老保险 - 个人所得税,选中 M3 单元格,在编辑栏输入公式" = I3 - J3 - K3 - L3",并按【Enter】键,再填充至 M17 单元格,计算出结果,数据保留两位小数。

⑥统计超过平均工资的人数,选中 C19 单元格,在编辑栏输入公式" = COUNTIF(M3 : M17," > "&AVERAGE(M3 : M17))",并按【Enter】键。分别统计最高、最低工资。

实训 4 函数的应用——统计歌唱比赛计分表

问题描述

请使用 Excel 软件,将此次"爱我中华"歌唱比赛的成绩进行统计,有 10 位评委为 15 个选手打分,每位选手的成绩要求去掉一个最高分和一个最低分取平均值,可以使用统计函数,使选手成绩能高效、准确地统计出来,还要统计各分数段的人数。

技术准备

相关软件:Excel 电子表格。

实训素材:"歌唱比赛评分表 . xlsx"。

效果预览:"统计歌唱比赛评分表 . png"。

操作提示

①打开素材中的文件"歌唱比赛评分表 . xlsx",将文件另存为"统计歌唱比赛评分表 . xlsx"。分别统计男、女选手的人数,选中单元格 O7,使用 COUNTIF 函数,即在编辑栏中输入函数" = COUNTIF(C4 : Q4 ," 男 ")"并按【Enter】键,统计女选手人数方法相同。

②计算并填充"选手分值"数据列,"选手分值"的统计用修剪平均值 TRIMMEAN (array,percent) 函数,选中单元格 P12,选择"公式"→"函数库"→"其他函数"→"统计"→ TRIMMEAN 函数,在对话框中设置相应的参数,如图 5-7 所示,计算出 1 号选手"李平"的分值,即在编辑栏中输入函数" = TRIMMEAN(C7 : L7 ,2/10)"并按【Enter】键,再填充至 P26 单元格,计算出结果,并将此列数据设置为两位小数。

视频●
统计歌唱比赛评分表

图 5-7 设置 TRIMMEAN 函数的参数

知识链接

TRIMMEAN 函数即修剪平均值函数。TRIMMEAN 先从数据集的头部和尾部除去一定百分比的数据点,然后再求平均值。语法 TRIMMEAN(array,percent) 其中 array 为需要进行整理并求平均值的数组或数值区域;percent 为计算时所要除去的数据点的比例。例如,如果 percent =0.2,在 10 个数据点的集合中,就要除去 2 个数据点(10×0.2)也就是头尾各除去 1 个。如果 percent <0 或 percent >1,函数 TRIMMEAN 返回错误值 #NUM!。函数 TRIMMEAN 将除去的数据点数目向下舍入为最接近的 2 的倍数。如果 percent =0.1,30 个数据点的 10% 等于 3 个数据点。函数 TRIMMEAN 将对称地在数据集的头部和尾部各除去一个数据。

③计算并填充"选手名次"数据列,使用 RANK. EQ(number,ref,order) 函数,选定 Q12 单元格,在编辑栏中输入函数" = RANK. EQ(P12,$P$12:$P$26,0)",注意数字列表的应用,采用绝对地址,其他选手用自动填充得到。

④统计男、女选手的平均分,将"选手性别"的数据转置复制到 R11 单元格,选定 Q7 单元格,使用 AVERAGEIF 函数,在对话框中设置相应的参数,如图 5-8 所示,即在编辑栏中输入函数" = AVERAGEIF(R12:R26,"男",P12:P26)"并按【Enter】键,女选手平均分采用相同的方法。

图 5-8　设置 AVERAGEIF 函数的参数

⑤统计各分数段的人数、各占的比例,使用 FREQUENCY(data_array,bins_array) 函数,选定区域 O30:O34,在编辑栏中输入函数" = FREQUENCY(P12:P26,{7.99,8.49,8.99,9.49,10})",再按【Ctrl + Shift + Enter】键。各分数段的人数所占的比例=统计的人数/总人数,将计算的结果设置为百分比格式,保留两位小数。

实训5　函数的应用——制作运动会检录表、成绩表

问题描述

请使用 Excel 软件,将参加运动会的运动员快速地制作各项目的检录表,通过查询函数,输入学生姓名就可以匹配其所在班级;通过录入学生跑步的时间"00:00:00",将其统一为时间单位的成绩,再根据成绩进行排名。

技术准备

相关软件:Excel 电子表格。

实训素材："运动会参赛表．xlsx"。

效果预览："制作运动会检录表．png""制作运动会成绩表．png"。

操作提示

视频●

制作运动会检录
表、成绩表

①打开素材中的文件"运动会参赛表．xlsx"，将文件另存为"制作运动会检录表、成绩表．xlsx"。选中工作表"检录表"，选中单元格 B4，选择"公式"→"函数库"→"查找与引用"→VLOOKUP 函数，在对话框中设置相应的参数，如图 5-9 所示，通过输入参赛选手姓名匹配其所在班级，即在编辑栏中输入函数"＝VLOOKUP(B3,运动员名单！$B:$E,3,FALSE)"并按【Enter】键，再填充至 H4 单元格。

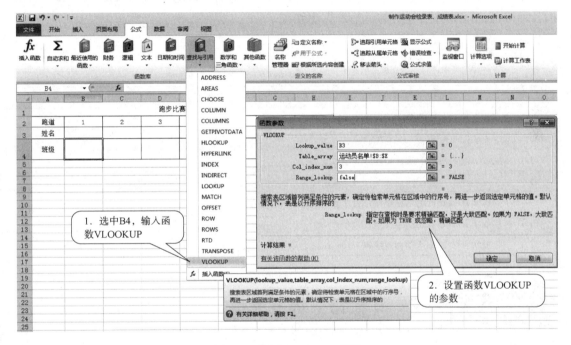

图 5-9　使用 VLOOKUP 函数

知识链接

VLOOKUP 函数是搜索表区域首列满足条件的元素，确定待检索单元格在区域中的行序号，再进一步返回选定单元格的值。VLOOKUP 语法：VLOOKUP(lookup_value,table_array,col_index_num,[range_lookup])其中 lookup_value 要查找的值，也被称为查阅值，table_array 查阅值所在的区域。请记住，查阅值应该始终位于所在区域的第 1 列，col_index_num 区域中包含返回值的列号，例如，如果指定 B2:D11 作为区域，则应将 B 作为第 1 列，将 C 作为第 2 列进行计数，依此类推。range_lookup(可选)如果需要返回值的近似匹配，可以指定 TRUE；如果需要返回值的精确匹配，则指定 FALSE。如果没有指定任何内容，默认值将始终为 TRUE 或近似匹配。VLOOKUP(查阅值、包含查阅值的区域、包含返回值的区域中的列号、近似匹配（TRUE）或完全匹配（FALSE））。

②选中工作表"跑步比赛成绩"，将"检录表"中的数据复制到相应的位置，根据录入的跑步时间，换算出成绩，成绩＝分钟数＋秒数/60，选中单元格 B5，即在编辑栏中输入公式" ＝ MINUTE（B5）＋ SECOND（B5）/60"并按【Enter】键，再填充至 H6 单元格。

③根据成绩进行排名，注意跑步成绩是升序排列，用时最短是第 1 名。完成后可录入数据进行检验。

技术小结

本节主要学习了：在 Excel 中，正确引用单元格地址，熟练运用各类运算符编辑公式，掌握各种函数的计算，能快速、准确地计算出结果。

评分标准

序 号	具体内容要求	评 分
1	完成实训2：解决鸡兔同笼问题	20分
2	完成实训3：计算员工工资报表	25分
3	完成实训4：统计歌唱比赛计分表中选手人数	10分
4	完成实训4：统计歌唱比赛计分表中选手分值、排名	10分
5	完成实训4：统计歌唱比赛计分表中各分数段人数、比例	10分
6	完成实训5：制作运动会检录表	10分
7	完成实训5：制作运动会成绩表	15分

实训任务3　Excel 数据分析及处理

实训目标

- 掌握数据的简单排序、多关键字排序和自定义排序的方法；
- 掌握数据的自动筛选和高级筛选的方法；
- 掌握分类汇总的方法；
- 掌握合并计算的方法；
- 会创建数据透视表分析数据。

实训6　数据排序——方格交错排列图

问题描述

请使用 Excel 软件，利用填充功能和排序功能，迅速制作一张方格交错排列图。

技术准备

相关软件：Excel 电子表格。

效果预览："方格交错排列图.png"。

操作提示

视频●

方格交错排列图

①新建 Excel 文件，将文件保存为"方格交错排列图.xlsx"。将列 A:AD 列宽设置为 2.5，先应用填充功能，填充 10 行 30 列的黑、灰、白色方格，再应用填充功能，填充 30 行 30 列的黑、灰、白色方格，效果如图 5-10 所示。

图 5-10　填充黑、灰、白方格

②在 A 列前插入一空列，填充数字序列"1、4、7…28、2、5、8…29、3、6、9…30"，再选中单元格区域 A1:AE30，以 A 列作为主要关键字，升序排列，删除 A 列即可，如图 5-11 所示。

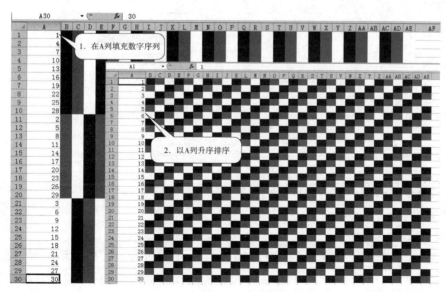

图 5-11　方格交错排列

实训7 数据分析——统计补考科目

问题描述

请使用 Excel 软件,将学生期末考试成绩单中有补考的同学的数据显示,并统计出补考科目的数量,突出显示要补考的成绩。

技术准备

相关软件:Excel 电子表格。

实训素材:"学生期末考试成绩.xlsx"。

效果预览:"统计补考科目-1.png""统计补考科目-2.png"。

操作提示

●视频

统计补考科目

①方法1:打开素材中的文件"学生期末考试成绩.xlsx",将文件另存为"统计补考科目.xlsx",复制 Sheet1 工作表,将其重命名为"统计补考科目",应用高级筛选将有补考的同学的数据筛选出来,如图5-12所示。

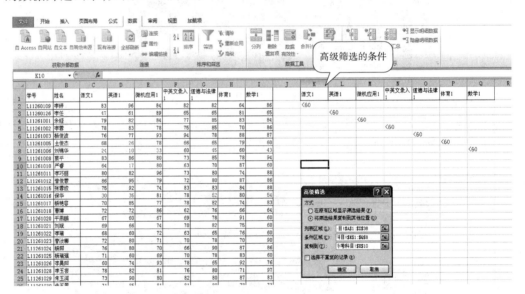

图 5-12 高级筛选补考的数据

②在筛选结果的右侧添加"补考科目"列,选中单元格 T10,输入"补考科目",选中单元格 T11,在编辑栏输入函数"= COUNTIF(M11:S11," < 60")",并按【Enter】键,再填充至 T16 单元格,如图5-13所示。

③方法2:先统计所有学生的"补考科目",选中单元格 J2,在编辑栏输入函数"= COUNTIF(C2:I2," < 60")",并按【Enter】键,再填充至 J38 单元格。再应用自动筛选功能,筛选出"补考科目"大于 0 的数据即可,如图5-14所示。

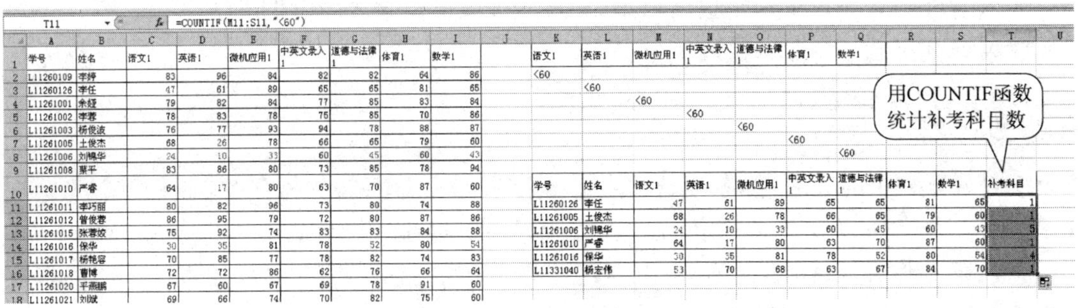

图 5-13　统计补考科目

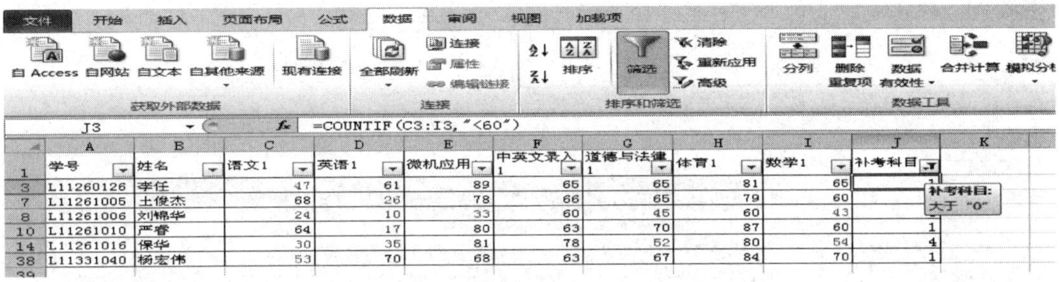

学号	姓名	语文1	英语1	微机应用1	中英文录入1	道德与法律1	体育1	数学1	补考科目
L11260126	李任	47	61	89	65	65	81	65	1
L11261005	土俊杰	68	26	78	66	65	79	60	1
L11261006	刘锦华	24	10	33	60	45	60	43	5
L11261010	严睿	64	17	80	63	70	87	60	1
L11261016	保华	30	35	81	78	52	80	54	4
L11331040	杨宏伟	53	70	68	63	67	84	70	1

图 5-14　自动筛选补考的数据

④选中筛选出的数据，利用“突出显示单元格规则”，将小于 60 分的成绩填充黄色底纹，效果如图 5-15 所示。

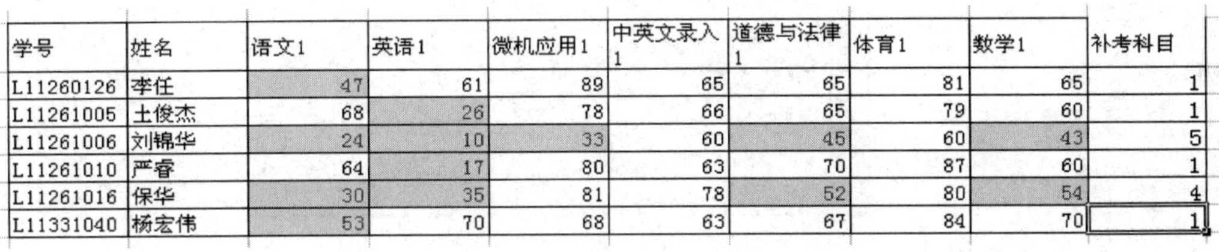

学号	姓名	语文1	英语1	微机应用1	中英文录入1	道德与法律1	体育1	数学1	补考科目
L11260126	李任	47	61	89	65	65	81	65	1
L11261005	土俊杰	68	26	78	66	65	79	60	1
L11261006	刘锦华	24	10	33	60	45	60	43	5
L11261010	严睿	64	17	80	63	70	87	60	1
L11261016	保华	30	35	81	78	52	80	54	4
L11331040	杨宏伟	53	70	68	63	67	84	70	1

图 5-15　突出显示要补考的成绩

实训 8　数据处理——制作等级考试成绩单

问题描述

请使用 Excel 软件，将等级考试通过的学生成绩单和参加等级考试学生的报名名单合并，制作出所有考生的等级考试成绩单，已通过考试的考生成绩显示分数，没通过的考生成绩显示“不合格”。

技术准备

相关软件：Excel 电子表格。

实训素材:"等级考试学生报名名单.xlsx""等级考试通过的学生成绩单.txt"。

效果预览:"制作等级考试成绩单.png"。

● 视频

制作等级考试成绩单1

● 视频

制作等级考试成绩单2

操作提示

①打开素材中的文件"等级考试学生报名名单.xlsx",将文件另存为"制作等级考试成绩单.xlsx",将 Sheet1 工作表更名为"报名名单",将 Sheet2 工作表更名为"通过成绩",选中"通过成绩"工作表的 A1 单元格,单击"数据"→"获取外部数据"→"自文本"按钮,按照文件导入向导,将素材中的"等级考试通过的学生成绩单.txt"文件导入到"通过成绩"工作表中,如图 5-16 所示。

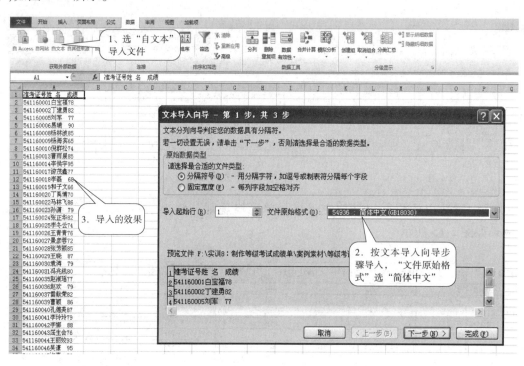

图 5-16　导入文本文件

②采用"分列"功能,将导入 A 列的数据按"固定宽度"分为 A 列"准考证号",B 列"姓名",C 列"成绩"。先将 A1 单元格的内容调整和以下行对齐,再选中 A 列,单击"数据"→"数据工具"→"分列"按钮,打开"文本分列向导",按 3 步将 A 列分列,如图 5-17 所示,分列后调整各列的宽度。

③方法 1:将两张工作表按照"准考证号"合并计算,选中 Sheet3 工作表的 A1 单元格,单击"数据"→"数据工具"→"合并计算"按钮,在"合并计算"对话框进行设置,如图 5-18 所示。

④单击"确定"按钮,在 A1 单元格填入"准考证号",调整 A 列的列宽,将"报名名单"工作表的列 B:D 的数据复制到 Sheet3 工作表相应的位置,在"成绩"F 列的空白单元格输入"不合格"(可用查找替换的方法,或筛选出数据进行填充),将数据居中显示,效果如图 5-19 所示。

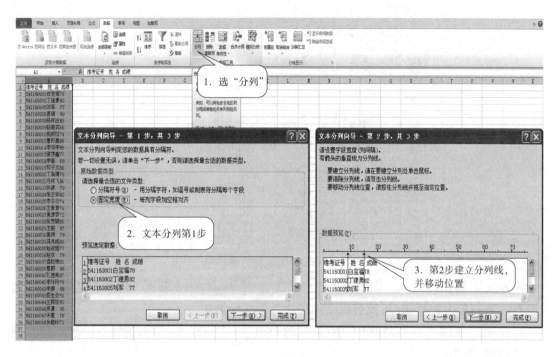

图 5-17　对 A 列数据进行分列

图 5-18　对工作表数据合并计算

图 5-19 等级考试成绩单效果

⑤方法2：可以将两张工作表复制到一张工作表，按照"准考证号"删除重复项，将报名表中有成绩的考生数据删除，没有成绩的考生注明"不合格"。

⑥方法3：可以使用 VLOOKUP 函数在"通过成绩"表中找出与"报名名单"工作表的"准考证号"相匹配的成绩。

技术小结

本节主要学习了：在 Excel 中，使用排序、筛选、分类汇总、分列、合并计算等数据处理功能对数据进行分析、统计。

评分标准

序　号	具体内容要求	评　分
1	完成实训6：方格交错排列图	20 分
2	完成实训7：统计补考科目中数据筛选	30 分
3	完成实训7：统计补考科目中数据突出显示	10 分
4	完成实训8：制作等级考试成绩单中导入考试成绩单，分列显示	20 分
5	完成实训8：制作等级考试成绩单	20 分

实训任务4　Excel 图表生成与排版打印

实训目标

● 掌握创建图表的方法；

- 掌握编辑、美化图表的方法；
- 掌握工作表的页面设置；
- 掌握工作表的打印。

实训 9 数据透视图的应用——统计教师工资

问题描述

请使用 Excel 软件，用数据透视表按性别统计各职称的教师平均工资，并用数据透视图（三维簇状条形图）反映统计的结果。

技术准备

相关软件：Excel 电子格。

实训素材："教师工资基本情况表 xlsx"。

效果预览："统计教师工资 . png"。

操作提示

①方法 1：打开素材中的文件"教师工资基本情况表 . xlsx"，将文件另存为"统计教师工资 . xlsx"，选中 Sheet1 工作表的 A1 单元格，在 Sheet2 工作表的 A2 单元格插入数据透视表，"性别"为行标签，"职称"为列标签，"总收入"为数值项，并将数值字段设置为"平均值项"，如图 5-20 所示。

视频●

教师工资统计

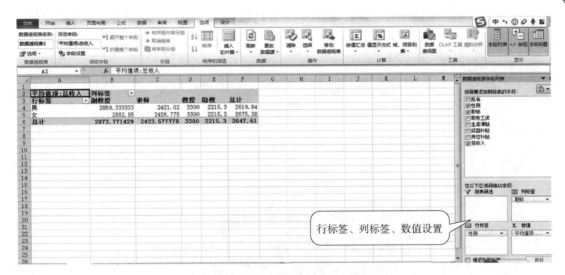

行标签、列标签、数值设置

图 5-20 创建数据透视表

②选中 Sheet2 工作表的 A2 单元格，单击"插入"→"图表"→"条形图"→"三维簇状条形图"按钮，自动生成数据透视图，如图 5-21 所示。

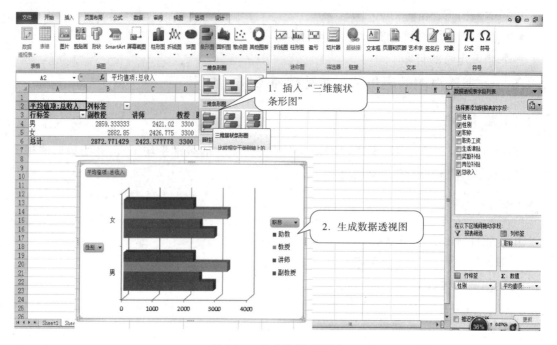

图 5-21　生成数据透视图

③选中图表,对图表进行美化和编辑,单击"数据透视图工具"中"设计"→"图表布局"→"布局1"按钮,添加图表标题为"统计各职称教师的平均工资图",设置字号为12,添加横坐标轴标题为"平均工资(元)",图表区填充"羊皮纸"效果,并在图上标注数据,将图例的"职称"按钮按"平均工资"降序排列,再将水平(值)轴的刻度固定为500,效果如图5-22所示。

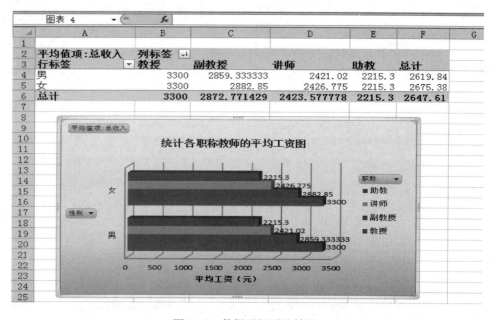

图 5-22　数据透视图的效果

④方法 2：创建数据透视图表，可先选中源数据，单击"插入"→"表格"→"数据透视表"→"数据透视图"按钮，创建数据透视表的同时就自动生成对应的数据透视图。

实训 10　页面设置与打印——浏览及打印职员工资单

问题描述

请使用 Excel 软件，对职员工资单进行窗口设置，方便多页浏览工资单，再对此工资单进行页面设置，按部门分页打印工资单，并为某部门的每位职员打印工资条。

技术准备

相关软件：Excel 电子格。

实训素材："职员工资单.xlsx"。

效果预览："浏览职员工资表.png""打印职员工资表.png""打印职员工资条.png"。

操作提示

①打开素材中的文件"职员工资单.xlsx"，将文件另存为"打印职员工资单.xlsx"，选中工作表"职员工资表"中单元格区域 A1：M50，添加边框线，制作成表格形式，复制工作表"职员工资表"，并将其重命名为"浏览职员工资表"，选中第 3 行，单击"视图"→"窗口"→"拆分"按钮，将当前窗口拆分成上下两个，上窗口显示标题和表头，下窗口显示数据，再将上窗口冻结，下窗口可滚动显示数据，如图 5-23 所示。

视频●……

浏览及打印职员
工资单

●……

图 5-23　拆分和冻结窗口

②复制工作表"职员工资表"，并将其更名为"打印职员工资表"，将该页面设置为"Letter"，页边距分别设置为上下 2 厘米，左右 1 厘米，选中 C2 单元格，将光标定位在"出勤"后面，按【Alt + Enter】键，将此单元格换行显示，调整各列的宽度，或者调整分页符的位置，使字段内容显示在一页上。

③按"部门"进行排序,并插入分页符,使得各部门的职员信息在一页上显示。添加页眉右侧为"&[日期]统计",页脚中间为"第&[页码]页/共&[总页数]页",打印标题设置顶端标题行为第1、2行即标题和表头所在行,打印效果如图5-24所示。

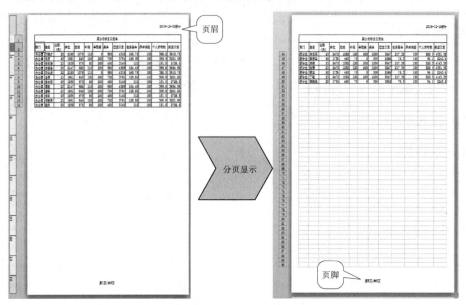

图5-24　第1页、第5页的打印效果

④为办公室的每位职员打印工资条,复制工作表"打印职员工资表"中的数据到Sheet2,并将其更名为"打印职员工资条",批量打印文档,可以结合Word的邮件合并功能使用。或者用以下方法,将表头的字段数据按人员数进行复制,在A列插入"序号"列,如图5-25所示,再对序号列进行升序排序,排序后删除此列即可,效果如图5-26所示。

序号	部门	姓名	出勤(天)	岗位	技能	补贴	全勤奖	奖金	应发工资	住房基金	养老保险	个人所得税	实发工资
	办公室	刘旺才	22	2180	1075	110	0	950	4315	165.75	150	388.5	3610.75
2	办公室	孙芳	23	1951	840	100	200	700	3791	129.55	150	309.9	3201.55
4	办公室	徐宝华	23	1835	575	80	200	450	3140	112	150	151.5	2726.5
6	办公室	朱晋生	23	2147	982	100	200	950	4389	184.45	150	399.6	3654.95
8	办公室	邓素成	22	2180	1075	110	0	950	4315	165.75	150	388.5	3610.75
10	办公			1951	840	100	200	700	3791	129.55	150	309.9	3201.55
12	办公			1835	575	80	200	450	3140	112	150	151.5	2726.5
14	办公			2147	982	100	200	950	4389	184.45	150	399.6	3654.95
16	办公室	李春	23	1951	840	100	200	700	3791	129.55	150	309.9	3201.55
18	办公室	徐云	23	1835	575	80	200	450	3140	112	150	151.5	2726.5
20	办公室	邓晓东	23	1951	840	100	200	700	3791	129.55	150	309.9	3201.55
22	办公室	梁天	23	1835	575	80	200	450	3140	112	150	151.5	2726.5
1	部门	姓名	出勤(天)	岗位	技能	补贴	全勤奖	奖金	应发工资	住房基金	养老保险	个人所得税	实发工资
3	部门	姓名	出勤(天)	岗位	技能	补贴	全勤奖	奖金	应发工资	住房基金	养老保险	个人所得税	实发工资
5	部门	姓名	出勤(天)	岗位	技能	补贴	全勤奖	奖金	应发工资	住房基金	养老保险	个人所得税	实发工资
7	部门	姓名	出勤(天)	岗位	技能	补贴	全勤奖	奖金	应发工资	住房基金	养老保险	个人所得税	实发工资
9	部门	姓名	出勤(天)	岗位	技能	补贴	全勤奖	奖金	应发工资	住房基金	养老保险	个人所得税	实发工资
11	部门	姓名	出勤(天)	岗位	技能	补贴	全勤奖	奖金	应发工资	住房基金	养老保险	个人所得税	实发工资
13	部门	姓名	出勤(天)	岗位	技能	补贴	全勤奖	奖金	应发工资	住房基金	养老保险	个人所得税	实发工资
15	部门	姓名	出勤(天)	岗位	技能	补贴	全勤奖	奖金	应发工资	住房基金	养老保险	个人所得税	实发工资
17	部门	姓名	出勤(天)	岗位	技能	补贴	全勤奖	奖金	应发工资	住房基金	养老保险	个人所得税	实发工资
19	部门	姓名	出勤(天)	岗位	技能	补贴	全勤奖	奖金	应发工资	住房基金	养老保险	个人所得税	实发工资
21	部门	姓名	出勤(天)	岗位	技能	补贴	全勤奖	奖金	应发工资	住房基金	养老保险	个人所得税	实发工资

图5-25　插入"序号"列

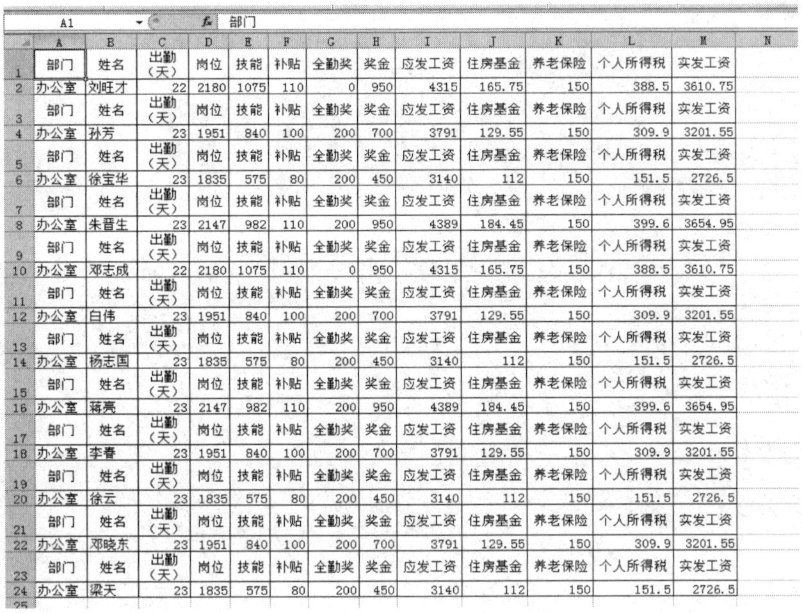

图 5-26　打印职员工资条效果图

技术小结

本节主要学习了：在 Excel 中，使用图表直观地显示数据，对数据进行分析、统计，设置工作表的页面效果，使其能按要求进行打印。

评分标准

序　号	具体内容要求	评　分
1	完成实训 9：统计教师工资中数据透视表	20 分
2	完成实训 9：统计教师工资中数据透视图	30 分
3	完成实训 10：浏览职员工资单	10 分
4	完成实训 10：按部门打印职员工资单	20 分
5	完成实训 10：打印办公室职员工资条	20 分

实训单元 6

PowerPoint综合应用

实训任务　制作幻灯片"美丽云南"

实训目标

- 掌握 PPT 中插入文字、图片的方法；
- 掌握 PPT 的设计方法；
- 掌握 PPT 中使用超链接、切换与动作设置的方法；
- 掌握 PPT 中插入音频、视频文件的方法。

实训1　制作幻灯片"美丽云南"静态部分

问题描述

使用 PowerPoint 2010 设置幻灯片的标题版式、素材图片"云南丽江.jpg"为背景制作本次幻灯片的标题页，并进行文字、图片、表格、音频、视频等对象的排版。

技术准备

相关软件：PowerPoint 2010、Word 2010。

实训素材：图片"云南丽江.jpg"、Word 文档"美丽云南.doc"、音频"彩云之南.mp3"、视频"一碗正宗过桥米线的吃法.avi"、云南美景图片、云南美食图片。

效果预览："图6-2 背景设置""图6-3 目录设置""图6-4 标题与内容""图6-5 表格与图表""图6-6 标题列表""图6-7 内容与图片1""图6-8 内容与图片2""图6-9 内容与图片3"

"图 6-10 内容与图片 4""图 6-11 音频、视频设置""图 6-12 图片排版 1""图 6-13 图片排版 2"。

操作提示

①打开 PowerPoint 2010 新建一个幻灯片文档,在"开始"菜单中插入"幻灯片版式"中选择标题版式,在该版式中输入标题"美丽云南",字体为"微软雅黑",字号"80""粗体",设置艺术字为"填充-蓝色,强调文字颜色 1",如图 6-1 所示。

视频●

制作幻灯片"美丽云南"静态部分

图 6-1　标题设置

②打开"项目六案例"→"案例 1:幻灯片'美丽云南'的版式、背景、模板"→"素材"中的"云南丽江 . jpg",插入背景图"云南丽江 . jpg",通过"设计"→"页面设置"→"幻灯片大小"→"全屏显示 16:9"命令,改变屏幕为 16:9,如图 6-2 所示。

图 6-2　背景设置

③插入新幻灯片"目录",选择空白版式,插入垂直文本框,输入"目录",标题字体为"微软雅黑",字号"54"。插入横排文本框,输入内容"1、云南概况,2、云南著名景点,3、云南

特色美食",字体为"微软雅黑",字号"32"。背景设置为"渐变填充",预设颜色"雨后初晴",如图 6-3 所示。

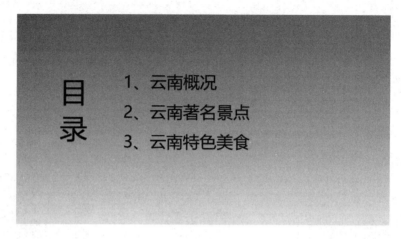

图 6-3　目录设置

④插入新幻灯片"云南概况",选择幻灯片版式"标题与内容",输入标题"云南概况",字体为"微软雅黑",字号"32",输入内容文字,字体为"微软雅黑",行距"1.5 倍"。背景设置为"渐变填充",预设颜色"雨后初晴",如图 6-4 所示。

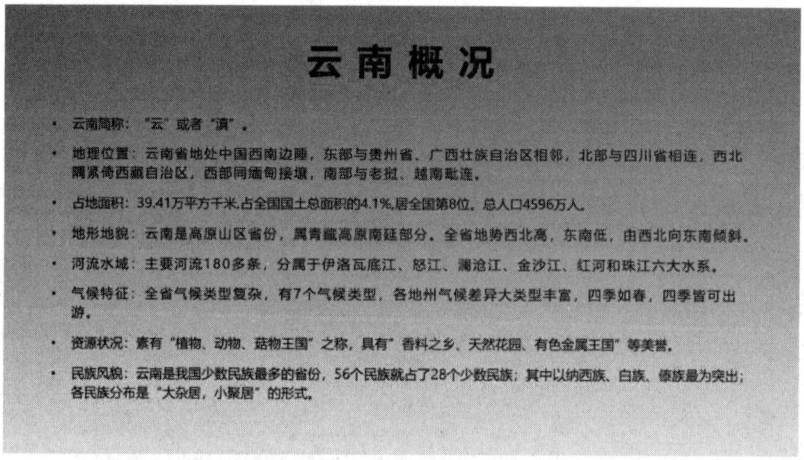

图 6-4　标题与内容

⑤插入新幻灯片"云南历年人口数据",输入标题"云南历年人口数据",字体为"微软雅黑",字号"32",插入历年人口的表格与图表,背景设置为渐变填充,预设颜色"雨后初晴",如图 6-5 所示。

⑥插入新幻灯片"云南著名景点",使用垂直文本框输入标题"云南著名景点",字体"微软雅黑",字号"40"。使用横排文本框输入"世界最著名的山石景观—路南石林,云南景色规模最大的溶洞—九乡溶洞,中国最美丽的雪山—丽江玉龙雪山,云南的风花雪月—大

理洱海",字体为"微软雅黑",字号"24",在 4 个景点前加入项目符号。背景设置为"渐变填充",预设颜色"雨后初晴",如图 6-6 所示。

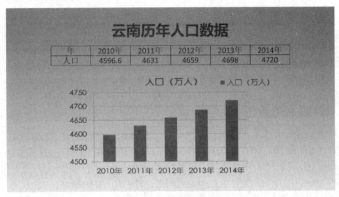

图 6-5　表格与图表

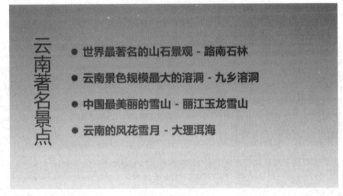

图 6-6　标题列表

⑦插入新幻灯片"世界最著名的山石景观—路南石林",版式为图文混合,左边为图片,右边为文字。标题"世界最著名的山石景观—路南石林"字体"微软雅黑",字号"24",内容字体"微软雅黑",字号"16",背景设置为"渐变填充",预设颜色"雨后初晴",如图 6-7 所示。

图 6-7　内容与图片 1

⑧按照上述方法,完成"云南景色规模最大的溶洞—九乡溶洞、中国最美丽的雪山—丽江玉龙雪山、云南的风花雪月—大理洱海"3 张幻灯片,如图 6-8、图 6-9、图 6-10 所示。

图 6-8　内容与图片 2

图 6-9　内容与图片 3

图 6-10　内容与图片 4

⑨插入新幻灯片"云南特色美食",输入标题"云南特色美食",使用垂直文本框,字体"微软雅黑",字号"40",插入音频文件"彩云之南.mp3",插入视频文件"一碗正宗过桥米线的吃法.avi",并加上图片名称"过桥米线",字体"微软雅黑",字号"24"(要求音频文件与视频文件同时播放),背景设置为"渐变填充",预设颜色"雨后初晴",如图6-11所示。

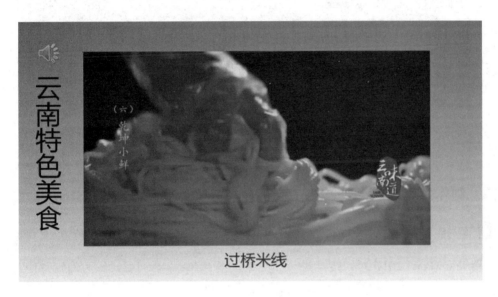

图6-11　音频、视频设置

⑩按照上述方法,将"手抓饭""石屏豆腐""烧饵块""菠萝饭""小锅米线""云南饵块""香茅草烤罗非鱼""野生菌火锅",编辑到2张幻灯片中,如图6-12、图6-13所示。

图6-12　图片排版1

小锅米线　　　　　　　云南饵块

香茅草烤罗非鱼　　　　野生菌火锅

图 6-13　图片排版 2

实训 2　制作幻灯片"美丽云南"动态部分

问题描述

使用 PowerPoint 2010 对幻灯片进行超链接设置、幻灯片的切换设置和幻灯片中对象动画设置。

技术准备

相关软件：PowerPoint 2010。

实训素材：幻灯片文档"美丽云南动态部分"。

效果预览：幻灯片文档"美丽云南 . pptx"。

●视频

制作幻灯片"美
丽云南"动态
部分

操作提示

①在第 2 张幻灯片中将"1、云南概况"设置为超链接,链接到第 3 张幻灯片"云南概况"。

②在第 2 张幻灯片中将"2、云南著名景点"设置为超链接,链接到第 5 张幻灯片"云南著名景点"。

③在第 2 张幻灯片中将"3、云南特色美食"设置为超链接,链接到第 10 张幻灯片"云南特色美食"。

④选中第 1 张幻灯片设置切换效果,单击"切换",选择"分割",持续时间设置为 2 s。其余幻灯片按照上述方法进行每一张幻灯片的切换效果。

⑤选中第 1 张幻灯片中的艺术字对象,单击"动画"→"擦除"→"效果选项"→"自左侧"→"持续时间"2 s。按照上述方法自选动画,设置其余幻灯片中的对象的动画效果。

技术小结

本节主要学习了:幻灯片完整的制作过程,幻灯片的静态部分与幻灯片的动态部分,包括版式、背景、模板、幻灯片的基本操作、幻灯片中对象的设置、幻灯片的超链接、幻灯片的切换与动画设置。

评分标准

序 号	具体内容要求	评 分
1	参照幻灯片截图图6-2 完成标题页	10 分
2	参照幻灯片截图图6-4,图6-5 完成"云南概况"部分幻灯片	10 分
3	参照幻灯片截图图6-6～图6-10 完成"云南著名景点"部分幻灯片	20 分
4	参照幻灯片截图图6-11～图6-13 完成"云南特色美食"部分幻灯片	15 分
5	参照幻灯片截图图6-3 完成目录页,其中3 个超链接能连接到相应的幻灯片	15 分
6	参照幻灯片截图图6-11,设置音频与视频同时播放	10 分
7	对全部幻灯片设置合理的切换与动画效果	20 分

实训单元 7

简单多媒体处理技术

随着多媒体技术的不断发展和广泛应用，多媒体已经进入到我们工作、学习和生活的方方面面，各种音、视频，图形图像，动画等媒体大量出现在我们的计算机和手机里，多媒体的转换、播放、处理、传输的等技术也成为计算机信息技术的主要内容之一。

实训任务 1　简单图片处理技术

实训目标

- 认识各种常见的图片文件格式及其特点；
- 能使用看图软件，改变图片的大小和格式；
- 能使用各种图片工具软件快速处理图片；
- 能使用 Photoshop 软件简单加工图片。

实训 1　快速图片处理——个性化挂历

问题描述

请使用"光影魔术手"软件，制作一张（本年度，月份自选）个性化挂历，背景图片使用"太阳图 . jpg"，在挂历中需要加入文字"昆明铁道职业技术学院"和学生本人的姓名，添加标志图"标志 . gif"，标注一个特殊的节日。

技术准备

相关软件：光影魔术手。

实训素材:"太阳图.jpg""标志.gif""一年中的节日.txt"。

效果预览:"个性化挂历.jpg"。

操作提示

①导入"太阳图.jpg"作为背景图,根据需要裁剪图片。

②对背景图使用"影楼"→"复古"艺术效果。

③通过菜单"工具"→"日历",添加日历,调整各部分的位置、字体、字号、颜色。标注一个特殊的节日,可以参考"一年中的节日.txt"文件。

④通过菜单"工具"→"水印",添加标志图"标志.gif",布局适当的位置作为装饰。

⑤通过菜单"工具"→"文字标签",加入文字"昆明铁道职业技术学院"和学生本人的姓名。

⑥最后添加回形针效果边框,请保存作品文件"个性化挂历.jpg",如图7-1所示。

视频●⋯⋯⋯

个性化挂历

图7-1　个性化挂历效果图

技术小结

本节主要学习了:"光影魔术手"软件,解压和运行,软件的界面和菜单,导入和保存图片,熟悉和使用各种边框效果,裁剪图片、对焦、模糊、影楼、日历、水印、文字标签等技术。

评分标准

序　号	具体内容要求	评　分
1	运行软件"光影魔术手",熟悉软件的界面、菜单和按钮	10分
2	能打开和导入多幅图片素材,完成作品"八九点钟的太阳"	20分
3	熟悉各种边框效果,使用图片裁剪,完成人物裁剪撕边胶片效果	10分
4	熟悉各种边框效果,使用对焦模糊等,探索练习,完成人物裁剪撕边胶片效果	10分

续表

序　号	具体内容要求	评　分
5	灵活应用"光影魔术手"的裁剪、对焦、模糊、影楼、日历、水印、文字等各种功能,按要求完成作品"个性化挂历.jpg"	20分
6	个性化挂历,文字清晰,布局合理,色彩美观	20分
7	5个作品图片完成,按要求文件格式保存,并提交	10分

实训2　快速图片处理——绿水青山

问题描述

请使用"俪影2046"软件,将两张素材图片:"绿水青山.jpg""人物素材图.jpg"和蝴蝶图片"蝴蝶1.jpg"或"蝴蝶2.jpg"合成为一张作品图:"绿水青山"。

技术准备

相关软件:俪影2046。

实训素材:"绿水青山.jpg""人物素材图.jpg""蝴蝶1.jpg""蝴蝶2.jpg"。

效果预览:"绿水青山.jpg"。

操作提示

●视频

绿水青山

①导入"青山绿水.jpg"作为背景图,调整作品大小。

②选择一幅蝴蝶图片导入,使用自制蒙版,旋转角度,拉伸长宽。

③导入"人物素材图.jpg",使用自制蒙版,缩放大小,调整位置。

④选择艺术边框,输入主题"绿水青山就是金山银山",完成作品"绿水青山",如图7-2所示。

⑤请保存本作品的源文件"绿水青山源文件.lak",以便将来修改使用。

图7-2　绿水青山效果图

 知识链接

源文件与目标文件。

各种编程软件和设计软件,在使用中都有源文件和目标文件(最终作品文件),源文件属于一种过程文件,可以使用软件打开进行修改和再加工处理。而目标文件则不能进行修改。所以源文件由编程和设计者保留,以便将来改进。目标文件则用于应用中,以保护版权。

"俪影2046"源文件:. lak,目标文件:. jpg。

Photoshop 源文件:. psd,目标文件:. jpg、. png、. gif 等。

Flash 源文件:. fla,目标文件:. swf。

技术小结

本节主要学习了:"俪影2046"软件的界面和菜单,导入和保存图片,能使用模板蒙板和自制蒙板,文字的录入与设置等技术。

评分标准

序 号	具体内容要求	评 分
1	运行软件"俪影2046"。熟悉软件的界面、菜单和按钮	10 分
2	打开背景图片,调整画面大小和位置,导入人物和蝴蝶图片1、2,调整大小和位置	20 分
3	为人物和蝴蝶图片添加"蒙板模板"效果,选择适合的蒙板样式完成作品	30 分
4	作品:"绿水青山"蒙板自制成功,效果使用得当,布局美观	20 分
5	作品:"绿水青山"源文件保存成功	20 分

实训3 快速图片处理——生日快乐卡

问题描述

请使用"俪影2046"软件,灵活选择模板,以 4 张素材图片:"美女 1. jpg""美女 2. jpg""美女 3. jpg""美女 4. jpg"制作成一张生日快乐卡。

技术准备

相关软件:"俪影2046"。

实训素材:"美女 1. jpg""美女 2. jpg""美女 3. jpg""美女 4. jpg"。

效果预览:"生日快乐卡. jpg"。

操作提示

①打开"俪影2046",选择模板中的"001birthday"卡。

②将 4 张美女图片依次导入,适当调整,布局各元素位置。

③输入中文"生日快乐",设置字体、颜色、阴影等。

视频 ••••••••

生日快乐卡

④调整布局,完成作品"生日快乐卡"如图 7-3 所示。

图 7-3 "生日快乐卡"效果图

技术小结

本节主要学习了:"俪影 2046"软件的界面和菜单,导入和保存图片,文字的录入与设置,各种边框效果,各种模板效果等技术。

评分标准

序　号	具体内容要求	评　分
1	运行软件"俪影 2046",选用"俪影 2046"的卡片样式	10 分
2	将 4 张素材图片:"美女/～美女 4.jpg"分别导入到卡片中	20 分
3	对 4 张图片进行裁剪、移动、缩放和位置布局	20 分
4	录入文字"生日快乐卡"并进行设置	20 分
5	作品:"生日快乐卡.lak"源文件保存成功	10 分
6	将作品:"生日快乐卡"保存为 jpg 文件	20 分

实训 4　快速图片处理——照片装饰

问题描述

"美图秀秀"软件经常用来美化照片,快速、简单。下面使用"美图秀秀"软件,配合 ACDsee 看图软件,对人物照片进行美化装饰,使用装饰图片和人物图片,完成一张图片装饰效果图。

技术准备

相关软件:"美图秀秀"及其插件包、ACDsee 看图软件。

实训素材:"人物.jpg""装饰.jpg"。

效果预览："图片装饰.jpg"。

操作提示

①安装、打开和使用 ACDsee 看图软件对图片进行裁剪，在 ACDsee 中选择"编辑"→"裁剪"命令，剪去"人物.jpg"的下面文字，剪去"装饰.jpg"的多于黑色部分，另存为"人物1.jpg"和"装饰1.jpg"。

②"美图秀秀"必须安装插件或者在线使用才有边框、场景、饰品等素材，安装插件后，再启动"美图秀秀"。

③在"美图秀秀"中，打开刚才加工好的图片"人物1.jpg"，选择边框、文字、饰品等效果，最后再导入"装饰1.jpg"进行装饰和调整，如图7-4所示。

视频 ●┈┈┈

照片装饰

图7-4　图片装饰效果图

技术小结

本节主要学习了："美图秀秀"软件，安装和运行，插件安装，导入和保存图片，使用美白、磨皮、腮红、唇彩等功能美容照片，使用边框、饰品等装饰图片，以及使用 ACDsee 软件裁剪图片等技术。

评分标准

序　号	具体内容要求	评　分
1	正确安装和启动"美图秀秀"软件，解压和安装"美图秀秀"插件	10分
2	安装、使用 ACDsee 软件并完成图片裁剪	10分
3	使用"美图秀秀"的美白、磨皮、添加腮红，唇彩等效果，完成照片美容	30分
4	使用"美图秀秀"的边框、文字、饰品等效果，完成图片装饰	30分
5	作品"图片装饰.jpg"装饰效果好，保持人物面部清晰，布局美观	10分
6	2个作品："照片美容.jpg""图片装饰.jpg"图片完成，保存，并提交	10分

实训5 图片综合处理——观棋不语

问题描述

请使用素材图："下棋．png""园边框．png""装饰花．png"，完成作品"观棋不语．png"。要求：

①用装饰花对人物的服装美化装饰；

②将"人物下棋图"放入到"园边框"图片中；

③3幅图组合成一幅完整的作品图；

④最终作品保存为源文件psd和目标文件png，保持透明效果。

技术准备

相关软件：Photoshop。

实训素材："下棋．png""园边框．png""装饰花．png""观棋不语预览．jpg"。

效果预览："观棋不语．png"。

● 视频

观棋不语

操作提示

①打开素材．png图片，改变图片大小

在Photoshop中打开"装饰花．png"和"园边框．png"，装饰花太大，改变图片大小，设置宽度60高度53，如图7-5（a）所示。"园边框"太小，改变图片大小，设置宽度900高度900，如图7-5（b）所示，这是两张透明效果的png图片，所以无需抠图，之后直接移动图片即可。

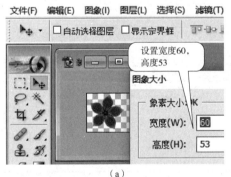

（a）

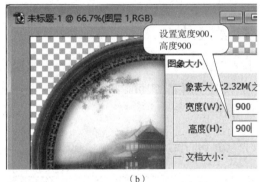

（b）

图7-5 改变素材图片大小

②对"下棋．png"，添加装饰花

打开"下棋．png"，将调整好大小的装饰花，移动4次到"下棋．png"中，其中两朵位置平展，保持原样即可，其中两朵是垂直和水平皱褶，需要自由变换，其中两朵在背后和手遮挡，需要删除遮挡部分（提示：建立选区，然后删除），如图7-6所示。

③圆形选区、反选、复制，提取园环边框

选中加工好服装的"下棋．png"，选择"菜单"→"图层"→"合并可见图层"命令，可以把所有可见图层合并为一个图层,然后将合并以后的"下棋.png"移动到园框架中,选择园框架图层,使用圆形选区工具,选择圆形框架的中间部分,然后选择"菜单"→"选择"→"反选"命令,得到园环边框,复制、粘贴,最后可使用橡皮擦工具擦除多余部分,作品效果如图7-7所示。

图7-6　添加6朵装饰花　　　　　　　图7-7　作品"观棋不语"效果图

技术小结

本节主要学习了:Photoshop 安装与启动、界面菜单工具认识、理解像素和点、新建图片操作、填充图片、选区、羽化、图片保存、移动工具、图层操作、图片大小调整、图片自由变换、合并图层、反选操作、源文件.psd 等技术。

评分标准

序　号	具体内容要求	评　分
1	正确安装和启动 Photoshop 软件	10 分
2	能使用选区、羽化、移动、填充等基本功能制作文档背景图	20 分
3	作品"观棋不语"服装的装饰花,处理自然,有真实感	30 分
4	作品"观棋不语"边框圆环处理光滑,各部分大小、布局合理	30 分
5	作品"观棋不语"保存为源文件 psd 和目标文件 png,保持透明效果	10 分

实训6　图片综合处理——犹抱琵琶半遮面

问题描述

使用 Photoshop 软件,将所提供两张素材图片"人物素材.jpg"和"背景素材.jpg"合成为一张效果图片,其中需要抹除人物素材图片中原有的网站文字,并加入主题文字"犹抱琵琶半遮面",将处理好的图片保存为 psd 源文件和 jpg 目标文件。根据处理的色彩效果和精细程度计分。

技术准备

相关软件:Photoshop。

实训素材:"人物素材 . jpg""背景素材 . jpg"。

效果预览:"效果图 . jpg"。

操作提示

● 视频

犹抱琵琶半遮面

①技术分析:需要将樱花单独提取出来作为一个图层,放在最上面,然后人物图层放在中间,背景图层放在下面,才能实现作品效果。提取樱花操作如下:打开"背景素材 . jpg",在通道面板中,复制"红通道"得到"红副本",如图 7-8(a)所示。然后调整"红副本"的色阶,使黑白更加分明,载入选区(注:不勾选反相),如图 7-8(b)、(c)所示。

（a）

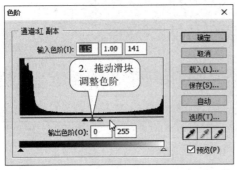

（b）

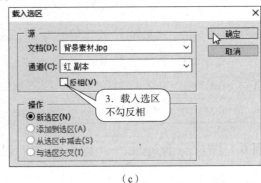

（c）

图 7-8　使用通道选取背景图中的樱花

②回到"背景素材"的图层面板,使用"菜单"→"编辑"→"拷贝"命令和"编辑"→"粘贴"命令,选区中的樱花就被提取出来,放入一个新的图层"图层1"中,关闭"背景图层"的可视按钮,可以看到樱花的提取效果,如图7-9所示。

　　注:"历史记录"面板上可以观察操作的顺序,效果不满意还可以返回重做。

图7-9　樱花的提取效果图

③打开"人物素材.jpg",首先,使用"仿制图章工具"将人物图片中的文字和标志抹除,然后,使用"磁性索套工具"选择人物,在选区添加和减去状态下多次辅助"索套工具",抠选人物、尽量精细,如图7-10所示。

图7-10　"索套工具"抠选人物

④使用"移动工具",将人物移动到背景中,此时我们发现,背景来源于一张照片,色彩鲜艳,而人物来源于一张手绘图片,颜色偏浅,这样会使主题不突出。使用"图像"→"调整"→"色相/饱和度"命令,提升人物的饱和度,同时降低背景的饱和度,如图 7-11 所示。

图 7-11　移动人物移动到背景中

⑤将人物图层放入背景和樱花图层中间,按比例缩放人物大小,调整布局,输入文字"犹抱琵琶半遮面",设置字体、字号、颜色,右击文字图层,在弹出对话框中添加文字的投影、斜面和浮雕效果,如图 7-12 所示。

图 7-12　图片装饰效果图

技术小结

本节主要学习了:索套抠图,通道抠图,色阶调整,色相/饱和度,比例缩放,选区复制、粘贴,仿制图章工具,调整图层顺序,文字录入,文字效果设置,抠图美观布局等技术。

评分标准

序　号	具体内容要求	评　分
1	使用"通道抠图技术",完成樱花图像的提取,边缘处理效果好	20 分
2	使用"仿制图章工具"将人物图片中的文字和标志抹除,效果好	20 分
3	使用"索套抠图技术",完成人物图像的提取,边缘处理效果好	20 分
4	调整人物图层,人物大小无扭曲,色彩饱和度适当,面部显示完整	10 分
5	调整背景图层,降低饱和度、调整樱花图层为最上层	10 分
6	添加文字,设置字体、字号、颜色、投影、斜面和浮雕效果	10 分
7	保存尺寸为 1 024×768 像素。psd 源文件,jpg 目标文件	10 分

实训 7　图片综合处理——蝶恋花

问题描述

　　通过实训任务 1 的学习,我们掌握了 Photoshop 的一些常用技术与技巧,达到处理和加工一般图片的能力,下面请巩固和应用所学习的知识和技能,完成测试作品"蝶恋花"。将处理好的图片保存为 psd 源文件和 jpg 目标文件。根据处理的色彩效果和精细程度计分。

技术准备

　　相关软件:Photoshop。
　　实训素材:"背景.jpg""人物 1.jpg""人物 2.jpg""蝴蝶 1.png""蝴蝶 2.png"。
　　效果预览:"效果图.jpg"。

操作提示

①作品尺寸要求 1 600×1 200 像素。
②背景图中的小蝴蝶等装饰和"呢喃花园"文字要保留到作品中。
③将两幅人物图放入到背景图的两个框架里。
④将两幅蝴蝶图放入到背景图里,作为装饰。
⑤人物可以必须按比例缩放,不得扭曲。
⑥添加文字"蝶恋花",并设置文字效果。
⑦图片中的网址和各种标志信息必须抹除。
⑧作品文件分别保存为 psd 源文件和 jpg 目标文件。
⑨作品图效果好,各部分边缘精细,色系统一,布局美观。
　　作品完成效果参考,如图 7-13 所示。

视频 ●

蝶恋花

图 7-13　"蝶恋花"预览效果图

技术小结

　　本节主要学习了：使用到选区技术、构图技术，羽化技术，有色彩调整，文字录入，布局构思等，考核学生综合处理图片的能力，建议基础较好的学生完成。

评分标准

序号	具体内容要求	评分
1	背景图中的小蝴蝶等装饰和"呢喃花园"文字保留处理得当	20 分
2	两幅人物图放入到背景中，保持原色彩，不扭曲，边缘处理精细	30 分
3	图片中的网址和各种标志信息抹除干净，无明显抹除痕迹	10 分
4	添加文字"蝶恋花"，文字效果漂亮	10 分
5	将两幅蝴蝶图放入到背景图里，整个作品布局合理，美观	10 分
6	添加文字，设置字体、字号、颜色、投影、斜面和浮雕效果	10 分
7	保存尺寸为 1 600 × 1 200 像素，psd 源文件，jpg 目标文件	10 分

实训任务2　简单音、视频处理技术

实训目标

- 认识各种常见的音、视频文件格式及其特点；
- 能选择适合的软件工具播放和转换各种音、视频文件；
- 能使用相关软件录音、录屏获取音视频；
- 能进行音、视频文件的后期简单加工和处理；
- 能完成常见办公文件 docx 和 pdf 间的转换。

实训8 音、视频格式转换——秋怨·曼陀罗

问题描述

请使用"Format Factory 格式工厂""Gold Wave 录音与编辑""MIDI to MP3"和"Voice Recorder 声卡录音"等软件,完成以下任务:

①将"第2套广播体操.flv"转换为mp4格式。

②提取"海浪.mp4"中的音频,保存为mp3格式。

③截取"心如蝶舞.mp3"音频中的最后一段,以 11 025 Hz,16 kbit/s,单声道的采样形式,保存为mp3格式。

④将"001.mid""002.mid""003.mid"转换为mp3格式。

⑤提取"秋怨·曼陀罗.exe"中的音频,保存为mp3格式。

技术准备

相关软件:Format Factory、Gold Wave 510、MIDI to MP3 Converter、Voice Recorder。

实训素材:"第2套广播体操.flv""海浪.mp4""河神之鼓.mp4""心如蝶舞.mp3""烟影如画.mp3""001.mid""002.mid""003.mid""秋怨·曼陀罗.exe""Pretty boy.exe"。

效果文件:"第2套广播体操.mp4""海浪.mp3""心如蝶舞片段.mp3""001.mp3""002.mp3""003.mp3""秋怨·曼陀罗.mp3"。

视频 ●

秋怨1 视频转换

操作提示

①使用格式工厂"Format Factory"将"第2套广播体操.flv"转换为"第2套广播体操.mp4"。操作步骤:启动软件,选择"视频"栏目,单击"所有转到 MP4"选项,在弹出对话框中选取素材中的"第2套广播体操.flv"文件,添加到转换栏目中,单击"开始"按钮,进行格式转换,如图7-14所示。

视频 ●

秋怨2 音频截取

图7-14 格式工厂转换视频

视频 ●

秋怨3 声卡录音

②使用格式工厂"Format Factory"提取"海浪.mp4"中的音频,保存为"海浪.mp3"。

操作步骤:启动软件,选择"音频"栏目,单击"所有转到 MP3"选项,在弹出对话框中选取素材中的"海浪.mp4"文件,添加到转换栏目中,单击"选项"按钮,在弹出"选项"对话框中,此时可以可改变输出目录,也可选择与源文件同目录,最后单击"开始"按钮,进行 mp3 提取,如图 7-15 所示。

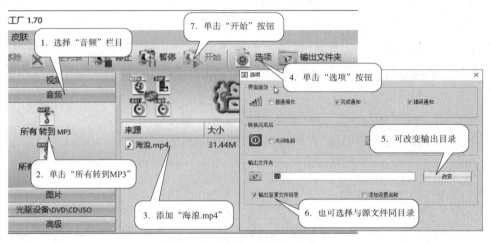

图 7-15　格式工厂提取音频

③使用录音与编辑"Gold Wave"软件,截取"心如蝶舞.mp3"音频中的最后一段,以11 025 Hz,16 kbit/s,单声道的采样形式,保存为 mp3 格式。

操作步骤:启动"Gold Wave"软件,打开"心如蝶舞.mp3"素材文件,进行播放测试,找到歌曲的最后一段,并选择最后一段,然后选择"文件"→"保存选定部分为(Z)…"选项,在弹出对话框中,选择保存格式为"＊.mp3"格式,选择采样形式为"11 025 Hz,16 kbit/s,单声",输入文件名"心如蝶舞片段",单击"保存"按钮,如图 7-16 所示。

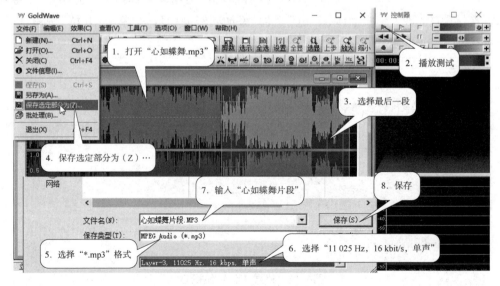

图 7-16　音频截取与转换

④使用"MIDI to MP3 Converter"软件,将"001. mid""002. mid""003. mid""004. mid"转换为 mp3 格式。

操作步骤:启动"MIDI to MP3 Converter"软件,依次添加文件"001. mid""002. mid""003. mid""004. mid",确认输出格式为"to MP3",单击"转换"按钮,出现转换进度条开始转换,大概需要等待几分钟,最终生成文件:"001. mp3、002. mp3、003. mp3、004. mp3",如图 7-17 所示。

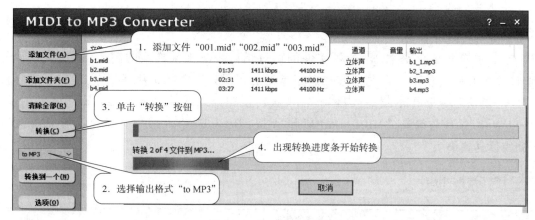

图 7-17 将 MID 转 MP3

⑤使用声卡录音"Voice Recorder"软件,提取电子书"秋怨·曼陀罗.exe"中的背景音乐保存为 mp3 格式。

操作步骤:启动"Voice Recorder"软件,选择捕获音频文件将要保存的目录,选择保存文件的类型为:mp3,"仅录取电脑声",勾选"保持总在最前",单击"开始录音",迅速运行"秋怨·曼陀罗.exe",注意音乐的播放,音乐结束马上单击"停止录音"按钮,最终生成文件:"秋怨·曼陀罗. mp3",如图 7-18 所示。

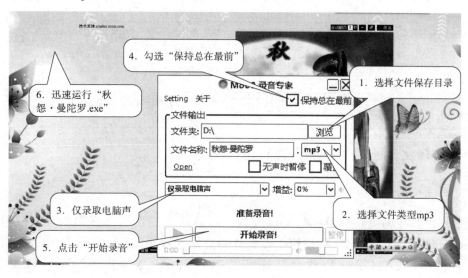

图 7-18 用声卡录音捕获音频

课堂练习

请仿照"心如蝶舞片段. mp3"音频操作流程,对"烟影如画. mp3"音频作同样片段截取操作,截取最后一段,以 11 025 Hz,16 kbit/s,单声道的采样形式,保存为 mp3 格式。

请仿照"秋怨·曼陀罗"的音频录取流程,对"Pretty boy. exe"动画视频作同样的音频提取操作(保存为"Pretty boy. mp3")。

技术小结

本节主要学习了:各种音、视频文件的播放,音、视频文件格式的转换,以及视频转音频,计算机音频提取等技术,进一步了解了常见的音视频文件格式及其特点,掌握了播放软件"千千静听"和"PotPlayer 播放器"。音视频转换和处理软件"Format Factory"格式工厂、"Gold Wave 录音与编辑""MIDI to MP3"和"Voice Recorder 声卡录音"。具备了媒体播放技术和媒体转换能力。

评分标准

序 号	具体内容要求	评 分
1	提问,说一说 *. mid、*. mp3、*. lrc、*. wma、*. wav、*. flv、*. mp4、*. dat、*. swf、*. dat、*. abc 这些后缀都是些什么文件,各有什么特点	10 分
2	使用 Word 完成歌词文件"烟影如画. lrc""心如蝶舞. lrc"、"昨夜星辰. lrc"和"橄榄树. lrc"	10 分
3	使用 Word 完成歌词综合排版,生成文件"歌词排版. doc"	20 分
4	使用软件"FlashPlayer"动画播放器,将两个 Flash 动画素材转换为自播放文件"今夜又见落花飞. exe"和"飘摇. exe"	10 分
5	使用格式工厂"Format Factory"软件,转换完成"第 2 套广播体操. mp4""海浪. mp3"	10 分
6	使用录音与编辑"Gold Wave"软件,编辑完成"心如蝶舞片段. mp3"和"烟影如画片段. mp3"	20 分
7	使用"MIDI to MP3 Converter"软件,转换生成"001. mp3""002. mp3""003. mp3""004. mp3"	10 分
8	使用声卡录音"Voice Recorder"软件,提取保存音频文件:"秋怨·曼陀罗. mp3"和"Pretty boy. mp3"	10 分

实训9 音频文件处理——英语九百句

问题描述

请使用录音与编辑软件"Gold Wave",为素材音频中的英语九百句配音,解压素材文件:"yingyu900ju. rar",根据学号找到你要配音的英语读音文件,比如:学号12,那么你要处理的文件就是"12-181. mp3",然后打开"english900e. txt"文件找到"181. What are you doing? ……",共15句,将英文翻译为中文,制作中文录音文件,"12-181 中文. mp3",最后组合完成中英对照的学习文件"12-181 中英对照学习.mp3"。

技术准备

相关硬件：耳机、计算机麦克风或者手机等可录音设备。

相关软件："GoldWave"（录音与编辑）、"ttplayer"（千千静听）。

实训素材："yingyu900ju.rar""english900e.txt""蝴蝶1.jpg""蝴蝶2.jpg"。

提交样品："05-61 英文.mp3""05-61 中文.mp3""05-61 中英对照学习.mp3"。

操作提示

①先找到"提交样品"中的 3 个文件，"05-61 英文.mp3""05-61 中文.mp3""05-61 中英对照学习.mp3"，使用千千静听分别播放试听，以明确本次实训的要求和目标。

②解压素材文件："yingyu900ju.rar"，根据学号找到你要配音的英语读音文件，为不影响学生操作，教师以"05-61 英文.mp3"为例进行操作，

③打开"english900e.txt"文件找到"61. Who are you? 你是谁？……"，共 15 句，如果没有中文，请将英文翻译为中文。

④将中文制作成录音文件，"05-61 中文.mp3"。可通过手机录音（请使用各自手机的相关软件自行操作，操作完成将录音文件拷贝至计算机），也可通过计算机录音（笔记本已经自带麦克风，台式机需要插入麦克风）。

计算机录音操作步骤：启动"Gold Wave"软件，单击"新建"按钮新建声音文件、默认只能录制 1min 音频，这里设置录音长度为"5"min，单击"确定"按钮。出现音轨图。如图 7-19 所示.

视频●
英语九百句 1 录音操作

视频●
英语九百句 2 音频剪辑

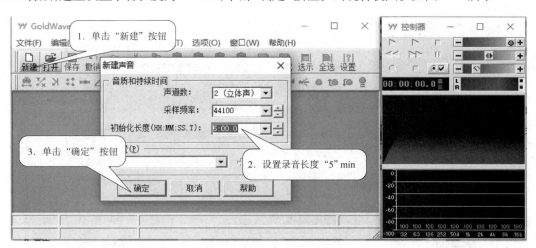

图 7-19 新建声音、录音设置

⑤右侧"控制器"窗口是录音和播放的控制面板，单击红色的"录制"按钮开始录音，此时按钮变为"暂停"按钮，录音过程可以随时暂停和继续录制，录制过程有波形图像产生，则表示录制正常进行。录制结束请单击"停止"按钮，然后单击"播放"测试录制效果，不理想

可以重新录制,效果满意,请保存选区音频为 mp3 文件(05-61 中文 . mp3),如图 7-20 所示。

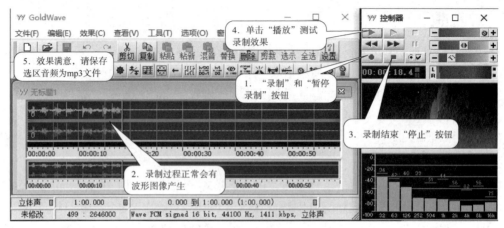

图 7-20 录制外部语音文件

⑥准备好英文和中文语音文件后,就可以进行音频剪辑与组合了,依次打开:05-61 中文 . mp3,05-61 英文 . mp3,然后新建时长 2min 的音频文件,3 个文件的音轨并排在软件编辑区中,在音轨编辑区拖动左右端线条,可以调整选区,配合播放功能,选出需要的音频片段,使用"编辑"→"复制"命令,复制选区音频,然后单击选取新建的音频文件为当前文件,再选择"编辑"→"粘贴到"→"结束标记"命令,粘贴选区音频。重复上述操作,从两个文件中交错复制音频到新建文件中,最后播放测试效果,然后保存为结果文件:"05-61 中英对照学习 . mp3",如图 7-21 所示。

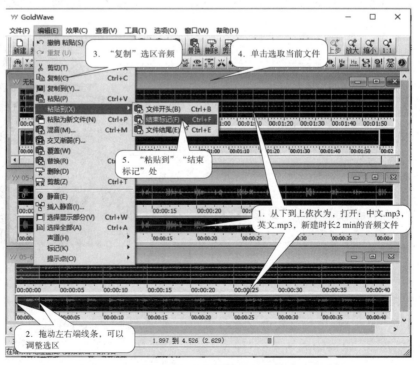

图 7-21 音频剪辑与组合

技术小结

本节主要学习了：多个音频的叠加合成，使用计算机录制外部声音，音频文件的剪辑与组合等技术。掌握了："Audition 音频编辑"软件和"GoldWave 录音与编辑"软件。具备了：音频媒体的加工处理能力。

评分标准

序　号	具体内容要求	评　分
1	能安装和运行软件"Audition"，导入音频文件"宇宙杀手.mp3""地下城1.mp3"和"地下城2.mp3"	10 分
2	对音频进行复制和粘贴操作，反复复制"地下城1"和"地下城2"音频，使之与小说音频长度对应	10 分
3	对背景音频"地下城"进行"振幅和压限"，减少10dB音量	5 分
4	设置音频的左右声道，将"宇宙杀手"播音设置为左声道，"地下城"背景音频设置为右声道	5 分
5	同理，完成"三体配音.mp3"和"苏肉难寻.mp3"两个作品	30 分
6	使用录音与编辑"Gold Wave"软件，录制完成"05-61 中文.mp3"	20 分
7	使用录音与编辑"Gold Wave"软件，剪辑与组合"05-61 中英对照学习.mp3"	20 分

实训 10　小动画制作与屏幕录像——斗士 PK 猛鬼

问题描述

请使用"GIF Movie Gear"gif 小动画编辑软件，自设主题或者以"PK"和"过草地"为主题，在 gif 动画"g01. gif ~ g13. gif"中选取素材，进行加工制作，完成作品，并在此过程中使用"屏幕录像大师 2019"录制作品的制作全过程。比如：本实训示范中，选取"g05. gif"和"g10. gif"素材，主题："斗士 PK 猛鬼"，提交作品是："斗士 PK 猛鬼.gif"和"斗士 PK 猛鬼制作录像.wmv"。

技术准备

相关软件：屏幕录像大师 2019，GIF Movie Gear。

实训素材：gif 动画"g01. gif ~ g13. gif""草地.jpg"。

效果预览："斗士 PK 猛鬼.gif"和"斗士 PK 猛鬼制作录像.wmv"。

视频 ●·····
斗士 PK 猛鬼

操作提示

①启动"屏幕录像大师 2019"。

②设置录像输出格式，勾选"同时录制声音"复选框，选择"WMV"录制格式，选择"设置为宽度 800 像素，高度 600 像素"选择"800 * 600"录制视频像素，单击"确定"按钮，如图 7-22 所示。

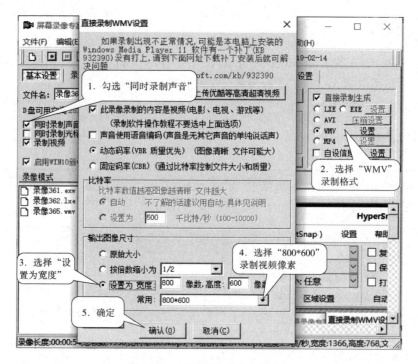

图 7-22　设置录像输出格式

　　③设置录像范围和确认快捷键,本例在"录制目标"面板,选择录制全屏,在"快捷键"面板,确认开始和停止录制快捷键【Alt + F2】,确认暂停和继续录制快捷键【Alt + F3】,如图 7-23 所示,然后测试录制一段视频,并播放,确认录像设置正确。

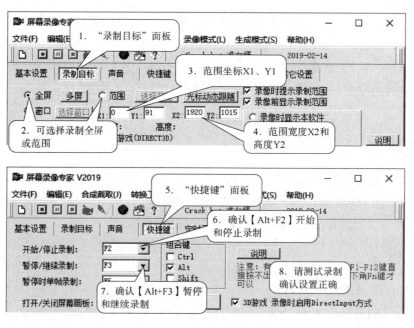

图 7-23　录像范围和快捷键

④启动 GIF Movie Gear 动画编辑软件,如图 7-24 所示。

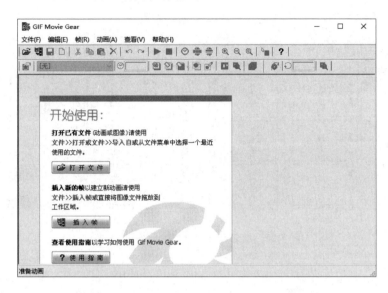

图 7-24　启动 GIF Movie Gear 动画编辑软件

⑤选取"g05.gif"和"g10.gif"文件,依次命名为"斗士.gif"和"猛鬼.gif",在软件 GIF Movie Gear 中打开"斗士.gif",使用"动画"→"旋转"→"水平翻转"命令,将斗士左右翻转,播放测试效果,选择不适合的动作帧,右击,从弹出的快捷菜单中选择"剪切"命令,完成后记住长度 34 帧,另存为"斗士 1.gif",如图 7-25 所示。同理,加工制作34 帧的"猛鬼 1.gif"。

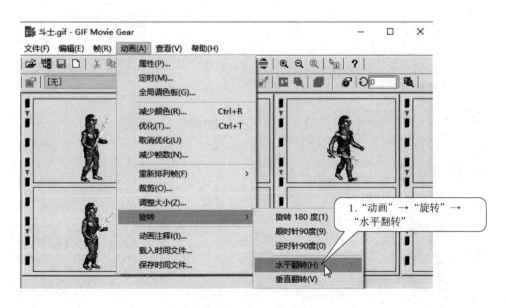

图 7-25　编辑斗士动画"斗士 1.gif"

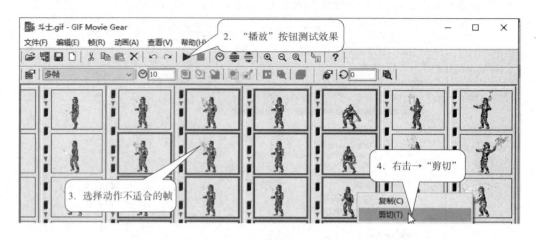

图 7-25　编辑斗士动画"斗士 1. gif"（续）

⑥混合动画、调整大小，先打开"猛鬼 1. gif"文件，使用"文件"→"混合动画"命令，选择"斗士 1. gif"，在混合动画窗口中拖动调整位置，确定，使用"动画"→"调整大小"命令，在调整动画窗口中根据原动画尺寸调整两倍的宽度和高度，如图 7-26 所示。播放测试效果，请思考制作添加草地背景，动画结果文件另存为"斗士 PK 猛鬼. gif"。

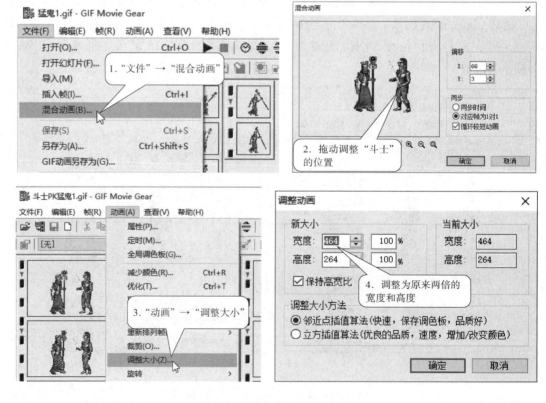

图 7-26　混合动画、调整大小

⑦实训的操作和目标明确以后,请选择你的素材动画,自设一个主题(没有主题的同学,单号学生完成"PK",双号学生完成"过草地"),熟悉操作流程,使用"屏幕录像大师2019"软件,在制作过程中同时录像,最终完成作品,如本实训示范完成时,应提交:"斗士PK猛鬼.gif"(其宽度400像素以上不少于20帧的动画)和"斗士PK猛鬼制作录像.wmv"(800×600像素的全过程制作录像视频文件)。

【课堂练习】

练习1　蝴蝶与梨:巩固本实训学习的gif小动画编辑技术和屏幕录像技术,使用"实训10:斗士PK猛鬼"→"课堂练习"→"蝴蝶与梨"中的素材文件"蝴蝶.gif""梨.gif"和"背景图.jpg",完成动画作品"蝴蝶与梨",并录制你的操作过程,任务提交:"蝴蝶与梨.gif"和"蝴蝶与梨制作录像.wmv"。注:录像文件在25MB以内。

练习2　万紫千红:使用"实训10:斗士PK猛鬼"→"课堂练习"→"万紫千红"中的素材文件,使用新学习的屏幕录像技术,结合以前所掌握的技能技巧和相关知识,将Flash动画文件中的动画"迟慢""将军骑马图"和"万紫千红"分别配上"背景音乐1""背景音乐2"和"背景音乐3"制作成视频作品"迟慢.mp4""将军骑马图.mp4"和"万紫千红.mp4",以小组为单位上传至QQ学习群,每个视频在2MB以内。

技术小结

本节主要学习了:"屏幕录像大师2019"录制屏幕的音视频操作,小动画编辑软件GIF Movie Gear编辑gif小动画文件,巩固了FlashPlayer,ACDsee,Voice Recorder,Leawo_videoconverter等多媒体软件的组合应用,同时,对gif动画,各种视频格式有了更深入的认识。

评分标准

序　号	具体内容要求	评　分
1	解压、启动和设置"屏幕录像大师2019"软件,能使用屏幕录像大师录制符合要求的视频文件	20分
2	自设主题,选择素材动画,启动GIF Movie Gear软件	10分
3	加工完成"斗士1.gif""猛鬼1.gif"和"草地截取.jpg"等过渡性素材	20分
4	能正确实现:动画翻转效果、动画删帧效果、动画缩放效果,混合动画效果	20分
5	完成作品的制作,保存为"斗士PK猛鬼.gif"	10分
6	完成录制制作过程的录像文件:"斗士PK猛鬼制作录像.wmv"	20分

实训 11　PDF 与 Word 转换——真菌世界

问题描述

在学习和工作中经常会遇到 PDF 格式的文件,可以浏览,但不能编辑,有时需要使用其中的内容,很不方便,在本实训中,需要将一份英文的 PDF 文档"Manual. pdf"翻译为中文的 PDF 文档"真菌世界 . pdf"。

提示:首先使用 EasyPDF 阅读器,PDF 转 Word 工具将"Manual. pdf"转换为"Manual. pdf. doc",然后在 Word 中打开进行翻译操作,使用 Word 中审阅中的翻译功能,翻译完成录入自己的姓名,再另存为 PDF 文档"真菌世界 . pdf"。

技术准备

相关软件:EasyPDF 阅读器,PDF 转 Word 工具。

实训素材:"Manual. pdf""Dreamweaver CS5 自述 . pdf"。

效果预览:"真菌世界 . pdf"和"Dreamweaver CS5 自述修正 . pdf"。

操作提示

●视频

真菌世界

(1)使用"EasyPDF 阅读器"浏览和转换 PDF 文件

解压"gf_easypdf. rar"后运行"gf_easypdf. exe"进行安装,安装完成后,运行"EasyPDF 阅读器"启动软件,在"EasyPDF 阅读器"在打开本实训素材:"Manual. pdf",此时可以浏览文件但不能编辑,共 14 页,单击"转 WORD"按钮,会启动"EasyPDF 转换器",在"EasyPDF 转换器"窗口中打开"Manual. pdf"文件,选择"保存到 PDF 相同的目录",单击"立即转换"按钮,可以将"Manual. pdf"转换为"Manual. pdf. doc",如图 7-27 所示。

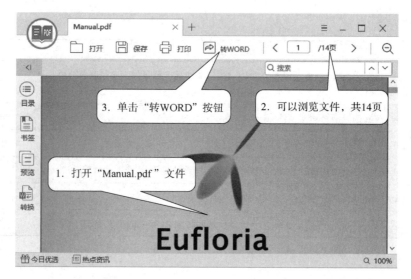

图 7-27　使用 EasyPDF 浏览和转换 PDF 文件

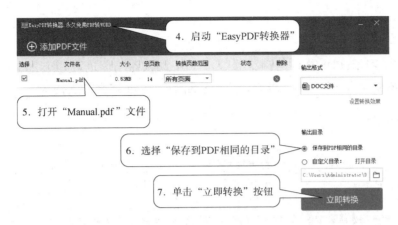

图 7-27　使用 EasyPDF 浏览和转换 PDF 文件(续)

（2）在 Word 中打开并翻译"真菌世界"

在 Word 中打开"Manual. pdf. doc"文件,选中要翻译的英文,然后等待译文出现,再单击"插入"按钮,可以将英文文本替换为中文的译文,如图 7-28 所示。用此方法将 14 页英文全部翻译为中文,再进行排版还原。排版时请参照英文原文,要保持原格式和版面,并加入自己的姓名,完成后另存为"真菌世界 . pdf"。

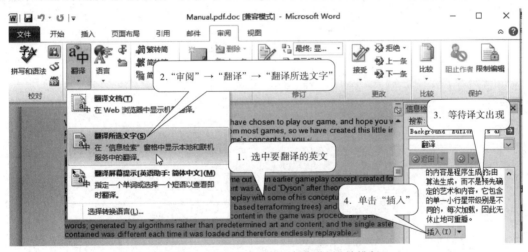

图 7-28　在 Word 中翻译"真菌世界"并排版

【课堂练习】

使用本节所学习的 PDF 转换技术,结合 Word 排版相关知识,将"Dreamweaver CS5 自述 . pdf"文件中的"Adobe"替换为"Adobe 公司"并改为红色,但是"Adobe Dreamweaver"不能更改,替换完成,输入自己的姓名,另存为"Dreamweaver CS5 自述修正 . pdf"。

提示:使用 EasyPDF 阅读器打开"实训 11:真菌世界"→"素材文件"中的素材文件"Dreamweaver CS5 自述 . pdf",转换为 Word 文件,然后进行查找替换,再另存为"Dreamweaver CS5 自述修正 . pdf"。

技术小结

本节主要学习了:PDF 文件的浏览器"EasyPDF 阅读器",能进行 PDF 和 Word 文档间的转换,能进行英文 Word 文档的在线翻译操作,巩固了 Word 综合排版技术。

评分标准

序　号	具体内容要求	评　　分
1	解压"gf_easypdf. rar",安装"EasyPDF 阅读器",并能使用"EasyPDF 阅读器"打开 pdf 文件:"Manual. pdf","Dreamweaver CS5 自述. pdf"	10 分
2	EasyPDF 阅读器自带的"PDF 转 WORD 工具"将 pdf 文件转换为 doc 文档,"Manual. doc""Dreamweaver CS5 自述. doc"	10 分
3	在 Word 中打开文档"Manual. doc",完成英文 Word 文档的在线翻译操作,并进行还原排版	40 分
4	在 Word 中打开文档"Dreamweaver CS5 自述. doc",完成查找与替换操作	30 分
5	在 Word 中将完成后的"Manual. doc"文档另存为"真菌世界. pdf"	5 分
6	在 Word 中将完成后的"Dreamweaver CS5 自述. doc"文档另存为"Dreamweaver CS5 自述修正. pdf"	5 分

附录A

主教材各单元习题答案

单元一　习题答案

单选题

1. C　2. B　3. C　4. D　5. B　6. B　7. A　8. A　9. C　10. B　11. A　12. C　13. D
14. A　15. A　16. B　17. D　18. B　19. A　20. C　21. C　22. C　23. C　24. D　25. B
26. A　27. B　28. D　29. B　30. B　31. A　32. C　33. A　34. C　35. A　36. A　37. C
38. B　39. D　40. A　41. D　42. A　43. C　44. A　45. D　46. C　47. C　48. D　49. A
50. D　51. B　52. C　53. A　54. B　55. B　56. A　57. C　58. C　59. C　60. D　61. B
62. B　63. B　64. A　65. B　66. A　67. C　68. A　69. D　70. D　71. B　72. B　73. C
74. A　75. B　76. A　77. B　78. B　79. A　80. B

单元二　习题答案

一、单选题

1. C ;2. D;3. C;4. B;5. D;6. A;7. A;8. D;9. C;10. D

二、操作练习题

1. 新建文件夹

解题方法:在空白处右击,在弹出的快捷菜单中选择"新建"→"文件夹"命令,输入文件名并按【Enter】键即可。

例题:在考生文件夹下 CCTVA 文件夹中新建一个文件夹 LEDER。

解题:进入 CCTVA 文件夹,在空白处右击,在弹出的快捷菜单中选择"新建"→"文件夹",输入文件夹名 LEDER 并按【Enter】键。

2. 新建文件

解题方法:在空白处右击,在弹出的快捷菜单中选择"新建"命令,选择要建立的文件类型,输入文件名即可。

建立文件类型对应的扩展名:文本文档(.txt),Word 文档(.docx),创建其他扩展名的文件可以先创建文本文档,然后将扩展名更改为题目要求的扩展名。

例题:在考生文件夹下 CARD 文件夹中建立一个新文件 WOLDMAN.doc。

解题:进入考生文件夹下的 CARD 文件夹,在空白处右击,在弹出的快捷菜单中选择"新建",选择要建立的文件类型(文本文档(.txt)),然后删去原文件名,输入文件名 WOLDMAN.doc 即可。

3. 文件(文件夹)的复制

解题方法:找到要复制的文件(文件夹),右击,从弹出的快捷菜单中选择"复制"命令,到要求复制到的文件夹空白处右击,从弹出的快捷菜单中,选择"粘贴"命令。

例题:在考生文件夹下 BOP\YINY 文件夹中的文件 FILE、WRI 复制到考生文件夹下 SHEET 文件夹中。

解题:进入考生文件夹下 BOP\YINY 文件夹中,找到文件 FILE、WRI,右击,从弹出的快捷菜单中选择"复制"命令,再进入考生文件夹下 SHEET 文件夹中,在空白处右击,从弹出的快捷菜单中选择"粘贴"命令。

4. 文件(文件夹)的移动

解题方法:找到要移动的文件(文件夹),右击,从弹出的快捷菜单中选择"剪切"命令,到要求移动到的文件夹空白处右击,从弹出的快捷菜单中选择"粘贴"命令。

例题:将考生文件夹下 HUI\MING 文件夹中的文件夹 HAO 移动到考生文件夹下 LIANG 文件夹中。

解题:进入考生文件夹下 HUI\MING 文件夹中,找到文件夹 HAO,右击从弹出的快捷菜单中选择"剪切"命令,再进入考生文件夹下 LIANG 文件夹中,在空白处右击,从弹出的快捷菜单中选择"粘贴"命令。

5. 文件及文件夹的重命名

解题方法:找到要重命名的文件或文件夹,右击,从弹出的快捷菜单中选择"重命名"命令,输入文件名即可,文件重命名前要注意扩展名。

例题:将考生文件夹下 HIGER\YION 文件夹中的文件 ARIP、BAT 重命名为 FAN、BAT。

解题:进入考生文件夹下 HIGER\YION 文件夹中,找到文件 ARIP、BAT 右击,从弹出的快捷菜单中选择"重命名"命令,输入文件名 FAN、BAT。

6. 文件属性的修改

解题方法:找到要修改属性的文件,右击,从弹出的快捷菜单中选择"属性"命令,按题目的要求设置属性。"存档"属性需要单击"高级"按钮并设置"可以存档文件"选项。

注意:题目中没有提到的属性保持原样。

例题:将考生文件夹下 DAWN 文件夹中的文件 BEAN、PAS 的存档和隐藏属性撤销,并设置成只读属性。

解题:进入考生文件夹下的 DAWN 文件夹,找到 BEAN、PAS 文件,右击,从弹出的快捷菜单中选择"属性"命令,取消"隐藏"选项框中的勾选,并选中"只读",再单击"高级"按钮,去掉"可以存档文件"前的勾选,确定再确定即可。

7. 文件夹属性的修改

解题方法:找到要修改属性的文件夹,右击,从弹出的快捷菜单中选择"属性"命令,按题目的要求设置属性。"存档"属性需要单击"高级"按钮并设置"可以存档文件夹"选项。修改文件夹属性时会提示"确认属性更改"的位置,按题目要求设置即可(题目若无要求,则设置为"仅将更改应用于此文件夹"选项)。注意:题目中没有提到的属性保持原样。

例题:将考生文件夹下的 ZHA 文件夹设置成隐藏属性。

解题:进入考生文件夹,找到 ZHA 文件夹,右击,从弹出的快捷菜单中选择"属性"命令,在对话框中找到"隐藏"在前面的选项框中打勾,如出现"确认属性更改"对话框,则按题目要求,选择"仅将更改应用于此文件夹"选项并确定。

8. 创建快捷方式

解题方法:找到要创建快捷方式的文件或文件夹,右击,从弹出的快捷菜单中选择"创建快捷方式"命令,按题目的要求修改快捷方式的文件名,并放置到题目中要求的位置。

例题:为考生文件夹下 DESK\CUP 文件夹中的 CLOCK. exe 文件建立名为 CLOCK 的快捷方式,存放在考生文件夹下。

解题:进入考生文件夹下 DESK\CUP 文件夹,找到 CLOCK. exe 文件,右击,从弹出的快捷菜单中选择"创建快捷方式"命令,将快捷方式文件重命名为 CLOCK,并将其移动到考生文件夹中。

9. 删除文件或文件夹

解题方法:找到要删除的文件或文件夹,右击,从弹出的快捷菜单中选择"删除"命令即可。

例题:将考生文件夹下 XEN\FISHER 文件夹中的文件夹 EAT 删除。

解题:进入考生文件夹下 XEN\FISHER 文件夹,找到文件夹 EAT,右击,从弹出的快捷菜单中选择"删除"命令即可。

10. 搜索文件并进行操作

解题方法:打开要求进行搜索的文件夹,单击上方地址栏右侧的搜索栏,输入要查找的文件名("＊"可以代替任意多个字符,"?"可以代替任意一个字符),并按题目要求进行进一步操作。

例题:搜索考生文件夹下第 3 个字母是 C 的所有文本文件,将其移动到考生文件夹下的 YUE\BAK 文件夹中。

解题:打开考生文件夹,单击上方地址栏右侧的搜索栏,输入"?? C＊. txt"(不包含引号),在下方窗口中找到文件,并按要求移动到指定文件夹。

例题:搜索考生文件夹下第一个字母是 S 的所有 PPT 文件,将其文件名的第一个字母更名为 B,原文件的类型不变。

解题:打开考生文件夹,单击上方地址栏右侧的搜索栏,输入"S＊.ppt"(不包含引号),在下方窗口中找到文件,并按要求对搜索到的文件 逐个进行重命名操作。

单元三 习题答案

一、单选题

1. C 2. C 3. A 4. A 5. B 6. C 7. B 8. D 9. A 10. B 11. C 12. C 13. D

二、判断题

1. √ 2. × 3. √ 4. × 5. √ 6. × 7. × 8. × 9. √ 10. √ 11. ×
12. √ 13. × 14. × 15. √ 16. √ 17. √ 18. √ 19. √

三、填空题

1. 资源共享,数据交换和通信,提高系统的可靠性,分布式网络处理和均衡负荷

2. 总线,星状,环状,树状,网状

3. 通信设备,用户端设备,操作系统,网络协议

4. 电子邮件,文件传输服务,远程登录,网上信息公告

5. 控制访问权限,防火墙,数据加密,增强安全防范意识,设置网络口令

6. 威慑,预防,检查,恢复,纠正

7. 源码型病毒,入侵型病毒,操作系统病毒,外壳型病毒

单元四 习题答案

一、单选题

1. D 2. A 3. C 4. B 5. D 6. A 7. A 8. C 9. D 10. B 11. A 12. D 13. A
14. C 15. D 16. D 17. A 18. C 19. B 20. D 21. B 22. A 23. C 24. C

二、判断题

1. √ 2. × 3. √ 4. √ 5. × 6. × 7. √ 8. √ 9. √ 10. ×

三、填空题

1. 草稿 2. 另存为 3. 插入 4. 段落 5. 插入 6. 脚注和尾注 7. 页面,普通
8. 背景,水印 9. 标准,加宽,紧缩,标准 10. 数据源 11. 导航 12. 格式刷

单元五 习题答案

一、单选题

1. C 2. C 3. C 4. B 5. B 6. C 7. D 8. D 9. D 10. A 11. A 12. A 13. C
14. C 15. A 16. B 17. D 18. A 19. B 20. A 21. D 22. C 23. B 24. C 25. B
26. D 27. B 28. B 29. B 30. A 31. A 32. C 33. C 34. B 35. D 36. C 37. B
38. A 39. C 40. A

二、判断题

1. √　2. √　3. ×　4. √　5. √　6. ×　7. √　8. √　9. √　10. √　11. √　12. ×

三、多选题

1. A,B

2. A,C,D

3. A,B,C

4. A,B,D,E

5. A,B,D

6. B,E

7. A,B,D

8. A,C

9. A,B,C,E

10. A,C

11. A,B,C,D,E

12. B,C,D

13. A,C,E

14. A,B,D

15. A,C,D

单元六　习题答案

一、单选题

1. D　2. C　3. C　4. C　5. D　6. D　7. D　8. B　9. B　10. D

二、判断题

1. ×　2. ×　3. √　4. ×　5. √　6. ×　7. √　8. ×　9. √　10. √

单元七　习题答案

一、单选题

1. A　2. C　3. B　4. C　5. D　6. B　7. B　8. D　9. C　10. A　11. B　12. D　13. C

14. B　15. C　16. A　17. D　18. A　19. C　20. B　21. C　22. B　23. C　24. A　25. B

26. D　27. B　28. C　29. B　30. D

二、简答题

1 答:在 Photoshop "历史记录" 面板中可以查看到本次图片从打开到目前的所有操作流程,最重要的是可以返回到之前的任何一个步骤,是 Photoshop 中的后悔药。

2. 答:Photoshop 的仿制像章可以使用图片中某一部分的图像去覆盖其他部分的图像,将仿制像章工具放在需要使用的图像上面,按下【Alt】键,再单击一次,然后放开【Alt】键,将仿制像章工具移动到需要覆盖的图像上面,进行拖动填充。

3. 答：Photoshop 色相是指颜色（如：红、绿、蓝），饱和度是指颜色的深浅，饱和度越低则图片越接近灰度，亮度指图片的黑白，亮度大图片变白，亮度小图片变黑，对比度可以调整图片色彩是否更加分明。

4. 答："光影魔术手"可以快速调整图片的各种艺术、光影效果，为图片添加边框，添加水印和文字，制作各种图片贺卡、日历等作品。

"俪影 2046"也提供了图片边框效果，但最重要的是提供了图片蒙板，可以使用定制蒙板和自制蒙板将图片边缘羽化，使多幅图片无缝融合为一张图片。

"美图秀秀"提供了图片边框和各种装饰效果，其独特的功能是对人物脸部的美容效果，有不断更新的网络资源，可以联网下载大量的模板和各种效果。

5. 答：操作如下：选择索套工具中的磁性索套，围绕人物拖画，环绕封闭后双击得到选区，如果有选漏的部分，单击添加选区按钮，再拖画进行添加，如果有选多的部分，单击减去选区按钮，再拖画进行减除。选区调整满意以后，单击移动工具，拖放移动人物到背景图中。

6. 答：在 Photoshop 中打开图片，在通道面板中，比较红、绿、蓝 3 种通道效果，选择主体和背景反差最大的通道，右击，复制通道，选择刚生成的"副本通道"，使用"选择"→"载入选区"命令，出现选区效果后，回到图层面板，选择背景图层，然后选择移动工具，拖动的选区内容到需要的图片中去。

7. 答：常见视频文件格式：

avi：最早的原始视频格式，无压缩，色彩丰富，但文件存储空间大。

rmvb：简称 rm，是由 Real Networks 开发的一种视频文件格式，压缩，比较早期。

wmv：是微软的视频编解码格式，压缩，更适合计算机播放。

asf：是 WMV 封装格式。

mp4：一些外部播放装置（比如手机、MP4 等）播放的格式。

3gp：一些外部播放装置（比如手机、MP4 等）播放的格式。

flv：随 Flash MX 推出的视频格式，各在线视频网站均采用此格式。

常见音频文件格式：

wav：也称 WAVE 是微软标准音频文件格式，音质好，等同 CD。

mp3：是有损压缩音频格式，一般只有 *.wav 文件的 1/10，比较通用。

wma：比 MP3 压缩率更高的格式，音质强于 MP3，部分移动设备不支持。

mid：MIDI 播放乐器合成器格式，文件很小，但不支持真人语音。

8. 答：使用"千千静听"软件播放音频，它有诸多的优点，小巧：仅 2MB 多一点，安装和播放音频时系统资源占用少，通用性强，WindowsXP 到 Windows10 都能使用，使用方便：安装以后单击各种音频文件直接播放，无广告垃圾，获取歌词：能够根据播放的歌曲关联和下载歌词。

使用"PotPlayer 播放器"播放视频，这是一个支持多种格式的媒体播放器，解压以后无需安装可直接运行，WindowsXP 到 Windows10 都能使用，无广告垃圾。将需要播放的媒体文件直接拖入到播放器中即可进行播放,使用方便。

9. 答:Audition 音频编辑软件,主要是能将语音播音文件与背景效果音乐重叠,实现音频的叠加。

主要操作步骤:(1)运行软件"Audition",导入音频文件,选择"文件"→"打开…"命令,依次打开音频文件,拖入到音轨中。

(2)移动、复制、剪切调整音轨,可对音频进行右键复制、剪切和粘贴操作。

(3)调整音频的音质和音量,选择"效果"→"振幅和压限"→"振幅/淡化(进程)"选项。

(4)设置音频的左右声道,将两个白色滑块拖至顶点,可设置为左声道,将两个白色滑块拖至底点,可设置为右声道。

(5)合成音频完成,导出文件,音频合成完成,测试效果满意,需要导出结果文件,选择"文件"→"导出(P)"→"混缩音频(M)"选项。

10. 答:(1)素材准备:视频素材,音频素材,图片素材和文字素材。

(2)软件准备:视频剪辑软件(如 AVS Video Editor 等),视频转换软件(如狸窝转换器等),图片处理软件(如 Photoshop 等)以及音频等其他相关软件,安装和注册软件。

(3)素材加工:加工视频素材截取可用部分,统一视频尺寸,加工图片素材,统一图片尺寸,加工视频图标标志图,加工和剪辑需要的音频文件等。

11. 答:格式工厂能支持和转换的音视频格式较多,而狸窝转换器能对转换的视频进行编辑,如视频剪辑,画面范围选取,添加标志,旋转视频等。

12. 答:(1)安装和注册软件 AVS Video Editor。

(2)使用软件 AVS Video Editor,导入音视频和图片素材文件。

(3)将视频和图片拖入轨道并设置转场效果。

(4)将音频和标志拖入相应的轨道并设置装饰效果。

(5)为视频添加文字并调整效果。

(6)按要求导出视频作品文件。

13. 答:确保识别率高,对抓图,扫描或照相获得的图片文件应有以下要求:

(1)图片应清晰可见,除文字部分,无水印等其他痕迹。

(2)图片不宜过大和过小一般的 A4 纸图片横向应在 1 600 像素至 3 000 像素之间。

(3)图片格式应保存为 jpg 和 bmp。

14. 答:Windows 的屏幕抓图(【Print Screen】键),能抓取屏幕(【Print Screen】键)或活动窗口(【Alt + Print Screen】组合键)到内存中,但是不能抓取任何区域,只能保存一幅图片,必须及时保存和处理。优点:Windows 自带。

屏幕抓图软件"HyperSnap",能抓取任何区域图片,连续抓取多幅图片然后再进行处理和保存,还可用进行窗口的滚动抓图。优点:功能强大。

15. 答:Windows 自带的录音机,只能录音,每次录音时长最多 1min。

GoldWave 录音与编辑软件,能录取长时间的音频,还能对音频进行剪辑和格式转换。

16. 答:Voice Recorder 声卡录音软件能录制计算机中通过声卡发出的音频,而不会录制计算机的机器噪声和外部干扰声音。所以录制音质好。

操作要领：启动 Voice Recorder 软件，选择捕获音频文件将要保存的目录，选择保存文件的类型为：mp3，仅录取计算机声，勾选"保持总在最前"，单击"开始录音"，然后迅速运行要录制的音频，注意音乐的播放，音乐结束马上单击"停止录音"按钮，最终生成音频文件。

17. 答：(1) 启动屏幕录像大师 2019，解压后运行"屏录专家.exe"文件，两次才能启动。

(2) 设置录像输出格式，勾选"同时录制声音"，选择"WMV"录制格式，选择"设置为宽度，800 像素，高度 600 像素，选择"800 * 600"录制视频像素，单击"确定"按钮。

(3) 设置录像范围和确认快捷键，本例在"录制目标"面板，选择录制全屏，在"快捷键"面板，确认开始和停止录制快捷键【Alt + F2】，确认暂停和继续录制快捷键【Alt + F3】。然后测试录制一段视频，并播放，确认录像设置正确。

18. 答：(1) 视频尺寸会影响到文件大小如：视频像素"800 * 600"比"320 * 240"要大得多。

(2) 视频格式会影响到文件大小如：AVI 格式视频比 MP4 要大得多。

19. 答：*.doc(或者 *.docx)格式文档是 Microsoft(微软)公司的 Word 文档，可用进行编辑和修改，办公通用文件。*.pdf 格式文档是 Adobe 公司的保护形式的阅读文档，不能编辑和修改，一般用于公文、论文等需要保护的文件。

20. 答：QQ 出现较早，针对计算机，技术成熟稳定，直接绑定邮件。QQ 在教学，工作方面较有优势，可发送大文件，邮件。

微信主要针对手机，使用方便，绑定手机号，信用度高。微信在生活方面较有优势，可方便进行钱币支付。